CONTENTS

002：INTRODUCTIO[N]
カスタムスニーカーの世界

CASE STUDY #01
004：■SELECT
知っておくべきスニーカー専用塗料の大定番
アンジェラスペイントの基礎知識

CASE STUDY #02
006：■ONE POINT PAINTING
お手軽ワンポイントペインティング
公式カスタムスニーカーにワンポイントペインディングを施す

CASE STUDY #03
016：■INKJET TRANSFER CUSTOM
水転写シートでデコレーション
スニーカーコレクションをカスタムの素材に活かす

CASE STUDY #04
026：■STENCIL PAINTING
ステンシルでリバーススウッシュを描く
スニーカーブランド公式のステンシル加工をやってみた

CASE STUDY #05
040：■CARTOON PAINT CUSTOM
カートゥンペイントで定番スニーカーをアレンジ
マンガ風のペイント術でセンスが光るオリジナルスニーカーを製作する

CASE STUDY #06
054：■STREET ART PAINTING
ストリートアートを意識したディテールアップ
エアブラシ塗装のグラデーション効果を活かしたペイント術

CASE STUDY #07
066：■STYLE CHANGE CUSTOM
王道カラーをカスタムペイントで再現
あのプレミアスニーカーをカスタムで手に入れる

CASE STUDY #08
080：■ONE POINT REDESIGN
誰でもできるリバーススウッシュ加工
発想の転換で憧れのリバーススウッシュを簡単に楽しむ

CASE STUDY #09
098：■ALL UPPER CUSTOM
スニーカーカスタムの到達点オールアッパーカスタム
革素材からオリジナルのスニーカーを生み出す究極のカスタム術

Introduction

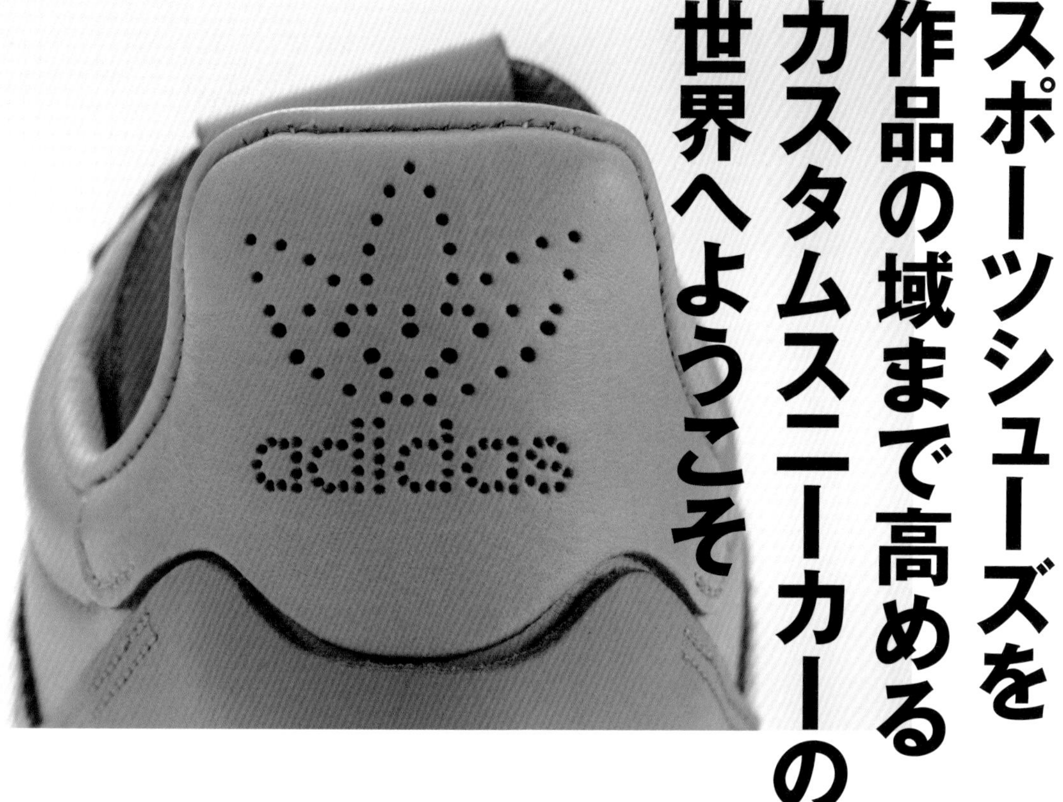

スポーツシューズを作品の域まで高めるカスタムスニーカーの世界へようこそ

日本の靴職人が製作したカスタムスニーカーがスポーツメーカーを動かした

NIKEやadidasをはじめとする世界のスポーツブランドが展開し、スポーツシーン以外の様々なカルチャーにも影響を与え続けるスニーカー。そのスニーカー愛を究極なまでに突き詰めたファンは、市販されるスニーカーをカスタマイズして入手困難なレアモデルに仕立て、世界に1足だけのアート作品へと昇華させる。スニーカーをカスタマイズする文化は北米で誕生し、カスタムスニーカーブランドの"THE SHOE SURGEON"が手掛けた作品は、200万円で発売されると同時に完売する程の人気ぶりだ。

そして日本国内にも、スポーツメーカーを動かした伝説のカスタムスニーカーが存在する。そのカスタムスニーカーを手掛けたのは、靴職人の町、浅草が発祥のシューズブランド"エンダースキーマ(Hender Scheme)"である。エンダースキーマが提案するカスタムスニーカーのコンセプトは明確で、上質のレザーを使い、革靴の製法で人気スニーカーのディテールを再構築する事にある。彼らが創り出した作品はスポーツメーカーを大いに刺激して、2017年より正式なコラボレーションラインである"adidas Originals by Hender Scheme"の展開を開始した。ここで紹介する"HS ZX 500 RM FL"も、2018年に発売されたコラボレーションラインのひとつ。アッパーにはクラフトマンシップを醸し出す上質なレザーを採用し、ソールにはadidasのアイコンテクノロジーであるboostフォームが搭載されている。

本書は国内のカスタマイズビルダーを取材して、個人でも楽しめるように工程を紹介するものだ。技術的なレベルも、週末だけで完成可能なお手軽カスタムから、靴職人と同等の技術や道具が求められるフルアッパーカスタムまで、幅広く、そして奥深いカスタムスニーカーの世界を案内する。本書に刺激を受けたのならば、ぜひ休日の時間を利用して手元のスニーカーでカスタマイズを楽しんで頂きたい。エンダースキーマに続く、世界を変えるカスタムスニーカーを世に送り出すのは、本書を手にしたあなたかもしれない。

CASE STUDY #01 ANGELUS PAINT/アンジェラスペイント

CASE STUDY #01

ANGELUS PAINT/アンジェラスペイント »
JUNKYARD

知っておくべきスニーカー専用塗料の大定番
アンジェラスペイントの基礎知識

スニーカーに適した塗料の中でも圧倒的な知名度と人気に支えられるのが、Angelus Paint（アンジェラスペイント）だ。隠蔽性（下地を隠す性質）に優れる水性アクリル塗料で、カスタムスニーカーの本場米国でもトップシェアを獲得している。もちろん国内のカスタマイズビルダーにもアンジェラスペイントの愛好家は多く、本書で紹介する作例でも度々登場している。ここからはアンジェラスペイントのバリエーションと、代表的な関連商品をピックアップして紹介する。実際のカスタム事例を読む前に、スニーカー専用塗料の基礎知識を身につけよう。

取材協力：JUNKYARD

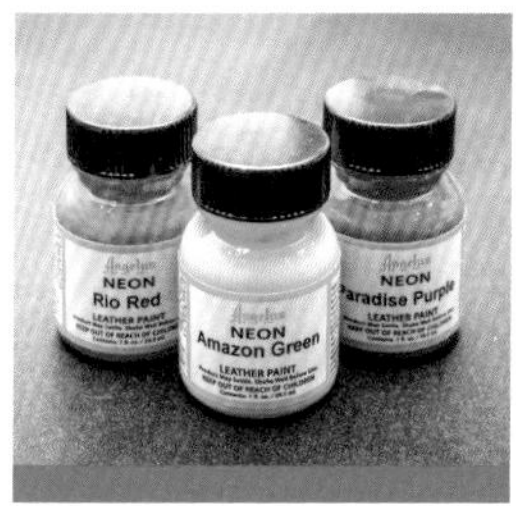

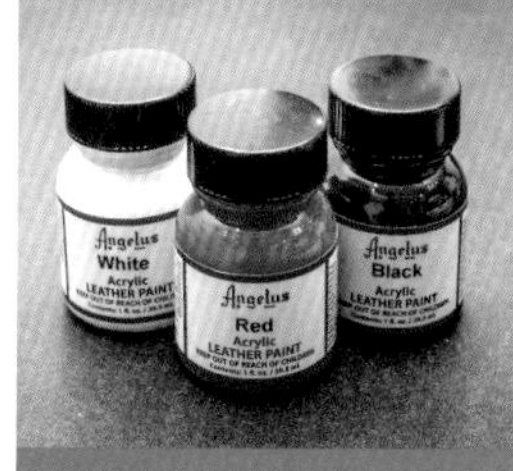

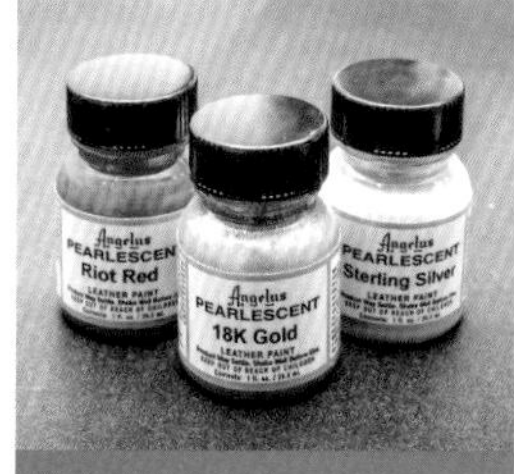

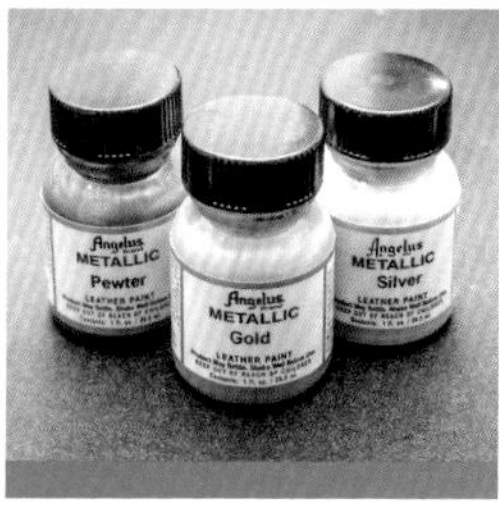

スタンダードペイント
アンジェラスペイントの基本色で、現在までに約80色のバリエーションがラインナップしている。もちろん塗料を混ぜ合わせてオリジナルカラーに調色する事も可能だ。

ネオンペイント
鮮やかなネオンカラーを再現可能なアンジェラスペイントのバリエーション。鮮やかなイエローやグリーンなど、全12色がラインナップしている。

メタリック
塗装時に“ギラつき”感を演出できるメタリックカラー。ゴールドやシルバー等の定番色に加え、エイジングを感じさせるブロンズと言った渋いカラーも展開する。

パールペイント
ムラのような独特の光沢感が演出可能なパールペイントは、全7色がラインナップ。スタンダードペイントと同じく、調色して使用するのもOKだ。

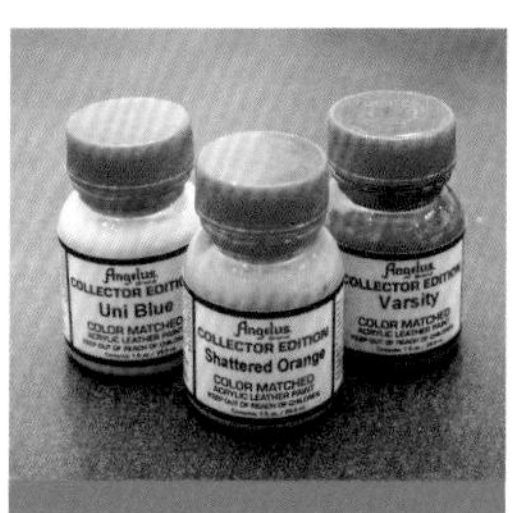

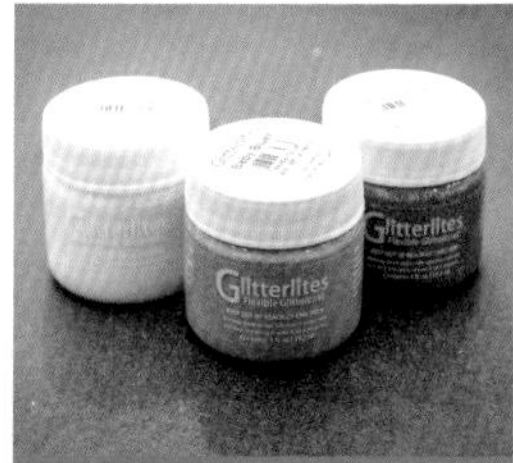

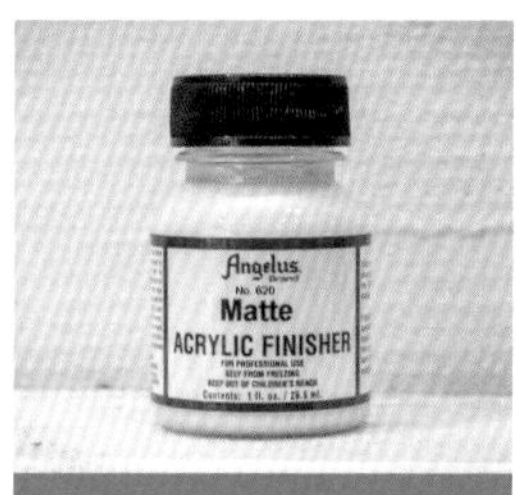

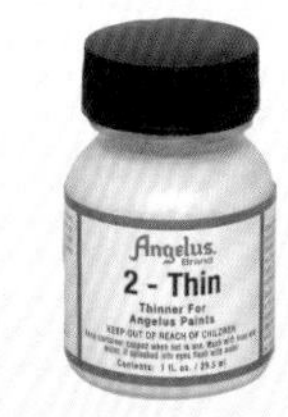

コレクターエディション
人気スニーカーに使われているカラーをイメージして調色されたバリエーション。憧れのスニーカーに寄せたカスタムを行う際には頼りになる逸品だ。

グリッターペイント
透明の塗料にラメを加えたバリエーションで、地色を活かしながらラメでアクセントが表現できる。ネイルアート用にも使用されているタイプだ。

アクリルフィニッシャー
塗料が乾燥した後にトップコートとして使用するフィニッシャー。表面光沢が異なるバリエーションがあり、Matteは最も艶消しに仕上がるタイプだ。

2-Thin
アンジェラスペイントに適した薄め液。保管していた塗料が濃くなった時に継ぎ足したり、エアブラシ用に濃度を調整する時にも活躍する。

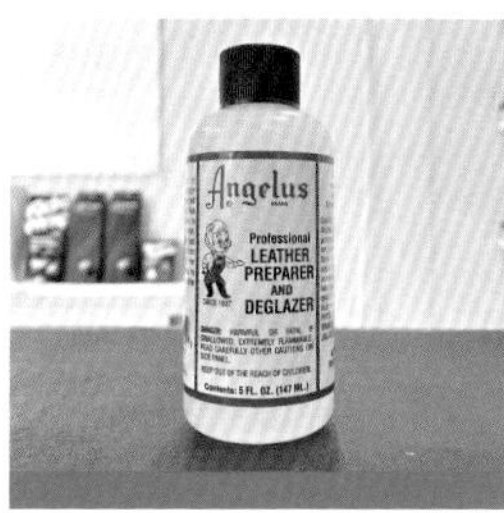

Leather Preparer and Deglazer
“デグレイザー”と呼ばれる塗装面の下処理に使用する溶剤。市販のスニーカーに施されているコーティング剤を除去して、塗料のノリを向上してくれる。

Scrach Resistant Sealer
アンジェラスペイントと組み合わせて使われるケースが多い、耐久性に優れるトップコート。一般には“スクラッチシーラー”と呼ばれている。

CUSTOMIZE ITEM INFORMATION

junkyyard

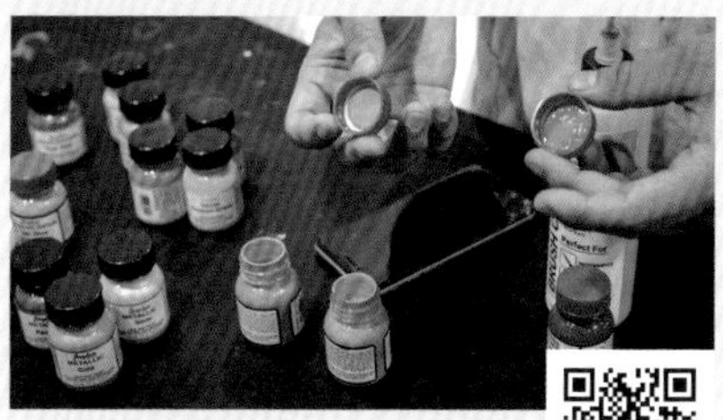

TEL：03-5913-7690
https://junkyyard.net/

CASE STUDY #02 ONE POINT PAINTING/ワンポイントペインティング

CASE STUDY #02

ONE POINT PAINTING/ワンポイントペインティング »
NIKE BY YOU AIR MAX 90

メーカーオフィシャルのカスタムスニーカーを ワンポイント塗装で完成度を高めていく

スポーツメーカーが提供するオフィシャルカスタマイズサービスは、多くのスニーカーファンにとって最も身近なカスタムスニーカーのひとつ。ただしパーツのカラーをWeb上で変更するのが基本であり、その選択肢にも限界がある。ここで紹介するNIKEが提供する"BY YOU（昔のNIKEiD）"も細かいコダワリの反映が難しく、SNSでは"痒い所に手が届かない"サービスと揶揄される事も少なくない。そんなBY YOUも簡単なペイント作業で完成度を高めることができるのだ。

取材協力：JUNKYARD 高円寺　スニーカーアトランダム高円寺店

主な取得スキル

■素材に適した塗料選び……P.007
■仕上がりに差を生む塗料の色合わせ……P.009
■素材に合わせた添加剤を活用する……P.010
■スニーカーパーツの部分塗装……P.011
■塗装面のトップコート処理……P.012

ペイントを施す箇所の確認

素材に適した塗料選び

Web上でプリセットされたカラーや素材を選ぶだけで数週間後に自分だけのスニーカーが送られてくる、スポーツメーカー提供の公式カスタマイズサービス。中でもNIKEの“BY YOU”は利用者も多く、最も普及している公式カスタマイズサービスとして知られる存在だ。ここからは2020年2月に発売されたAIR MAX 90がベースの“BY YOU”にひと手間を加え、お手軽かつ効果的なアップグレードの手順を紹介していく。

01 この“BY YOU”はNIKEの定番スニーカーのひとつ“AIR MAX 90”がベース。一般的なカラーオーダーに加え、モノトーン調に仕立てられた特別な素材が選択可能な期間限定アイテムで、このスニーカーにもアッパーのサイドパネルやつま先部分にモザイク調のグラフィックパーツを取り入れている。

02 カスタムオーダー品でありながら期間限定アイテムというのもおかしな話だが、魅力的な限定品で購入意欲を煽るのはNIKEの常套手段であり、“BY YOU”でも頻繁に限定品が発売されている。“BY YOU”を好むユーザーにとっても、パーツを選んでいるうちに完売になるケースも珍しくないのは悩みの種だ。

03 全体的に満足度の高いAIR MAX 90ではあるものの、ヒールパーツがソリッドカラーであり、市販モデルのようにロゴのカラーを変更できないのが唯一の不満点である。“BY YOU”に限らず、こうした“痒い所に手が届かない”仕様は、公式カスタマイズサービスにありがちなネガティブポイントなのである。

04 ペイント箇所の素材とラインナップするカラーバリエーションから、今回のペイントにはAngelus Paint（アンジェラスペイント）の“Gift Box Blue”を使用する。ハイブランドの“Tiffany”が使用するギフトボックスを連想させる、NIKEのスニーカーでは“JADE（ジェイド/翡翠の意）”と表記される定番カラーのひとつだ。

ペイントを施す箇所の下処理

素材に適した下処理

スニーカーのカスタムペイントと聞くとレザーやキャンバス素材への塗装をイメージするが、今回カスタムベースにセレクトしたAIR MAX 90のヒールパーツには、TPU（ポリウレタン系熱可塑性エラストマー）素材が使用されている。ゴムのような合成樹脂に塗料を載せるには、表面の油分を除去するレザーの下処理とは異なり、サンドペーパー等で塗装面を荒らし、塗料の食いつきを向上させる下処理が肝心だ。

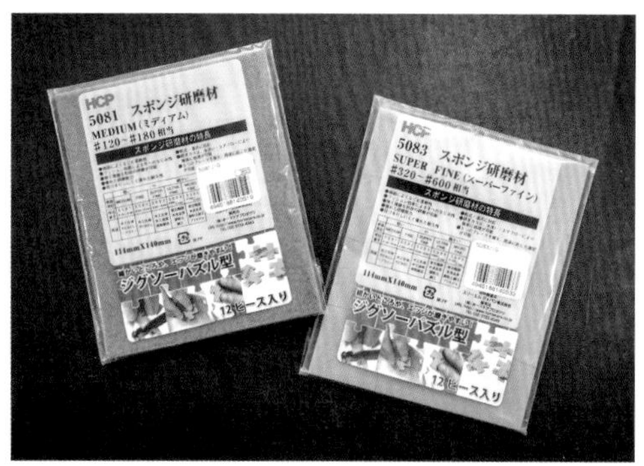

01 TPUパーツの表面を荒らす際には一般的なサンドペーパーで充分ではあるものの、屈曲性に優れるスポンジ研磨材などがあれば、よりスムーズに作業が行えるだろう。塗料の乗りを良くする目的で使用する場合は、粗さを示す番手（数字）が320番から400番の研磨材を使用するのが一般的だ。

02 今回塗装する部分はTPUパーツの全体では無くロゴの部分のみ。角の部分にハリのあるスポンジ研磨材は、こうした細かい部分の“やすり掛け”がやりやすい。作業は表面を削るよりも薄皮1枚を除去するイメージの力加減を心がけ、表面の光沢が鈍くなる程度までやすり掛けを行えば充分だろう。

03 塗装する箇所の“やすり掛け”が終わったら、表面の削りカスをブラシで除去し、さらにアセトンなどでクリーニングを行う。目に見えないホコリを除去する工程だが、アセトンはTPU素材そのものにダメージを与えるリスクがあるため、作業は手早く、なるべく少ない量のアセトンを使用することが肝心となる。

04 塗装前の下処理が終わったTPUパーツ。今回の事例では無塗装のTPUパーツにペイントするため塗料の食いつきを考慮して“やすり掛け”を行っているが、塗装済みのTPUパーツをペイントする場合には、塗装する箇所のみアセトンで拭き上げ、表面の油分を除去する程度の下処理でも特に問題は無い。

››

カスタムペイント時のカラーコーディネート

仕上がりに差を生む塗料の色合わせ

今回はスウッシュに使われているカラーをヒールロゴに追加するので、“Angelus Paint” を使用した。この塗料ブランドは基本色だけでなく、人気スニーカーをイメージした調色済のカラーが揃っているのが特徴だ。ただ、調色済カラーであっても微妙に色味が異なるケースが少なくない。各パーツとの整合性を高めるには、実際に試し塗りを行い、乾燥後の発色を比較して調整すると完成度を高めることができる。

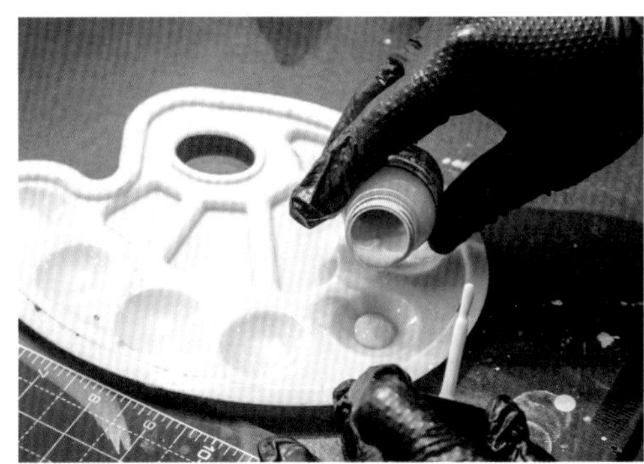

05 Angelus Paintのような水性アクリル塗料は空気に触れると硬化するため、試し塗りする際には水彩用やプラモデル用のパレットに塗料を取り分けるのが基本。その際には蓋を閉じたままボトルを攪拌（かくはん）し、なるべくボトル内の塗料に空気を含ませないことが塗料を長持ちさせるコツになる。

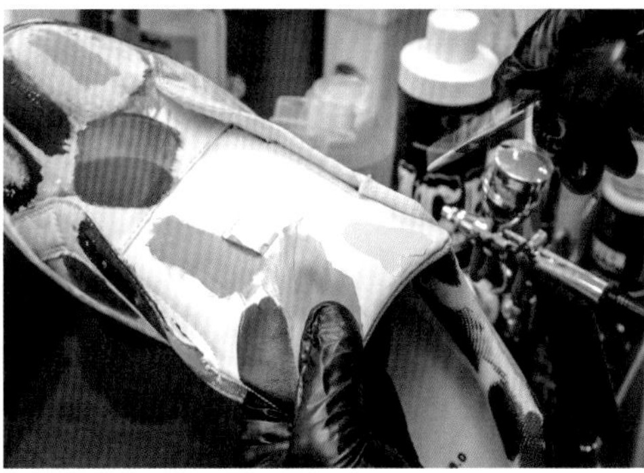

06 プロショップでは仕上がりを確認するために、試し塗り用のスニーカーを用意していた。個人で色を確認する際にはコピー用紙でも代用できるが、手芸店で販売されている革の“ハギレ”や、リサイクルショップで格安で販売されている合皮のバッグを使うと、仕上がり時の質感も確認できるのでお勧めだ。

07 塗料をしっかりと乾燥させた後に、スウッシュに使われているブルーの色調を比較する。画像では分かりにくいレベルではあるが、Angelus Paintの方が微妙に暗い印象を受ける仕上がりになっていた。このまま塗っても違和感はないものの、今回は万全を期して塗装前に調色することになった。

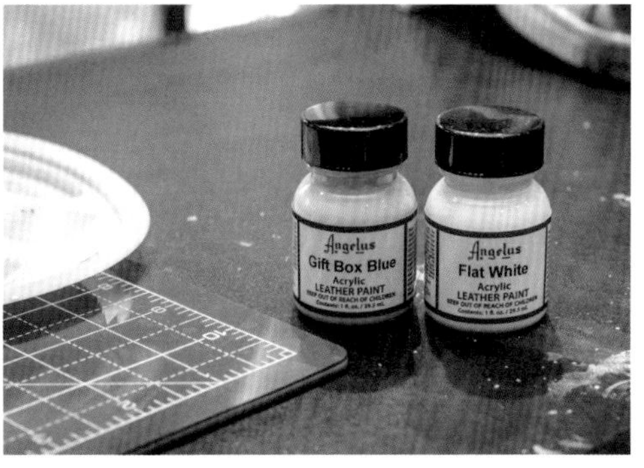

08 今回の事例でトーンを明るくするために加えたのは、同じAngelus Paintブランドの“Flat White” である。Flatと表記される塗料は表面がツヤ消し状に仕上がるのが特徴だ。最終的な表面のツヤはトップコートで調整するものの、完成時の質感をイメージするためにも、仕上がり時を想定した塗料を使用しよう。

カスタムペイント時のカラーコーディネート

素材に合わせた添加剤を活用する

プラモデルの塗装とは異なり、スニーカーのカスタムペイントには詳細な調色レピシは存在しない。思い通りの発色を実現するには、例えプロショップであっても微調整が必須となる。さらに今回使用したAngelus Paintには、様々な素材に対応した添加剤も用意されている。添加剤は塗料の食いつきと乾燥後の強度に影響するため、ワンポイントのペイント時にも積極的に活用するのが正解だ。

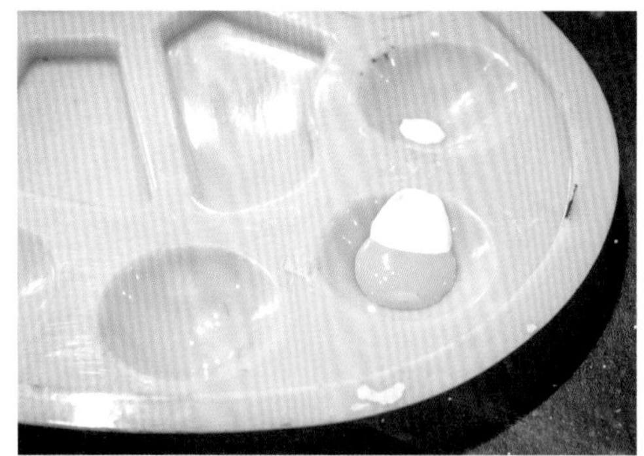

09 パレットに移した塗料を混ぜて目標とするカラーに調色していく。正確なレピシが無いため最初は目分量で混ぜ、その後に微調整するのが基本となる。今回は筆塗りが前提のため原液のまま調色しているが、エアブラシを使う際には別売りの薄め液“Angelus 2-Thin”を添加して、塗料の薄さも調整しておこう。

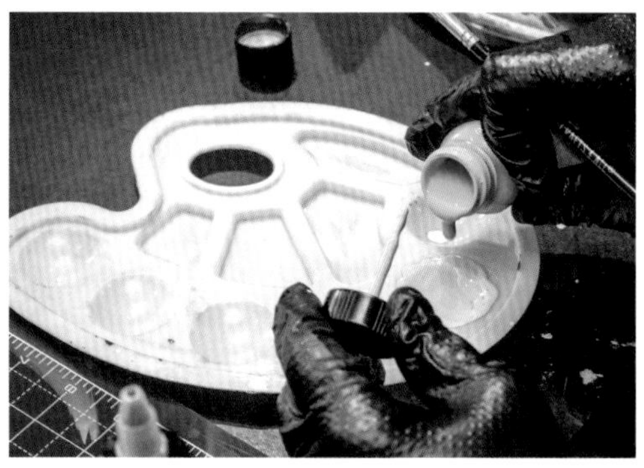

10 調色した塗料を試し塗りして、足りないカラーを補いながら目標とする発色に近付けていく。またカラーによって乾燥前と後では発色が異なるケースがあるため、カラーの確認前にしっかりと乾燥させることが重要となる。その際、ヒートガンを使うと素早く乾燥できるので作業の効率を高められるだろう。

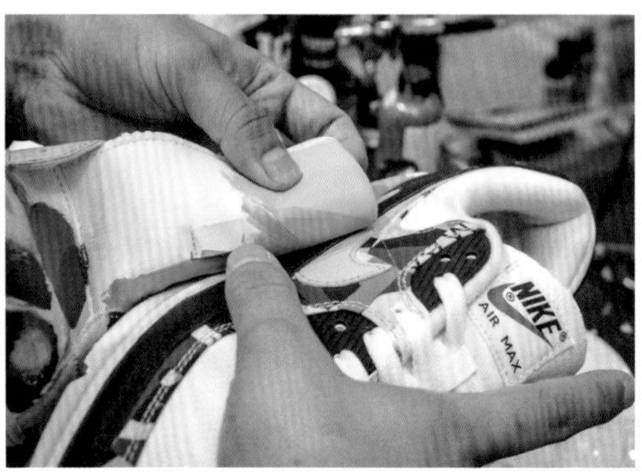

11 今回の事例では2度の再調整を経て、目標とするカラーを作ることができた。原色の塗料からこういった中間色を調色するには更なる手間が必要になるだろう。その意味でスニーカーに使われる人気色をラインナップするAngelus Paintは調色の手間が軽減できるため、カスタマイズビルダーの手助けになるハズだ。

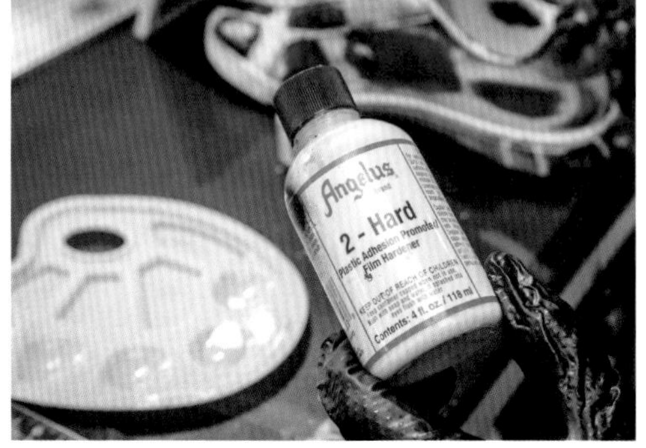

12 調色が完了した塗料に別売りの“Angelus 2-Hard”を適量添加する。これはTPUやプラスチックなど、一般的なスニーカーに使われる硬い素材をペイントする際に使用する添加剤だ。逆にシュータンのメッシュ素材などの柔らかいパーツには“Angelus 2-Soft”と呼ばれる添加剤を使用するのがセオリーとなる。

>>

スニーカーパーツの部分塗装と筆選び

薄く塗り重ねる工程が仕上がり精度を向上させる

塗装面の下処理と塗料の調色が整ったらパーツのペイントに進もう。この工程で大切なのは1度に厚く塗り過ぎないことだ。一般的な水性アクリル塗料と比べるとAngelus Paintは隠蔽力（いんぺいりょく/下地の色を隠す力）が強く、つい1回で塗ってしまいたくなる。だが厚塗りは塗料のタレに直結するリスクの高い行為に他ならない。塗料を薄く塗り重ねるペイントの基本を忠実に実行すべきだ。

13 塗装に使う筆は予めバリエーションを用意したい。規模の大きな100均ショップにも筆は売っているものの、それらは筆先が硬く塗装時の力加減が難しいアイテムが少なくない。塗装のストレスを軽減する意味で、ホビーメーカーの製品のようなクオリティが確保された筆を使うのがお勧めだ。

14 細かいディテールアップを目的とするポイント塗装のため、細い筆を使って慎重に塗装していく。塗装に自信が無ければ、面倒でも塗装すべき箇所の周囲をマスキングテープ処理を施しておくと安心だ。1回目の塗装は多少の色ムラになっても気にすることなく、塗装すべき部分全体を塗ってしまおう。

15 1度目の塗装が完了したらヒートガンを使って乾燥させよう。乾燥時間の短縮は作業の効率アップだけでなく、乾燥前の塗装面にホコリなどが付着するリスクを軽減してくれる。ヒートガンが無ければドライヤーでも代用可能だが、ヒートガンの方が熱風の温度が高く、D.I.Y目的であれば圧倒的に使いやすい。

16 1回目の塗装が乾燥したら2回目のペイントを施していく。色の濃いブラックの下地にも関わらず、明るいジェイドカラーが鮮やかに発色しているのはAngelus Paintの特性である高い隠蔽力の恩恵だ。多少のはみ出しはアセトンを使えば簡単にリカバリー可能なので、失敗を恐れずに仕上げよう。

>>

塗装面のトップコート処理

実用に耐える強度を確保する

ポイント塗装をムラ無く仕上げた次は、塗装面にトップコートを施していく。スニーカーのカスタムペイントにおけるトップコートの主な目的は、着用時のダメージに耐える強度の確保と塗装面のツヤを整える点にある。今回はスニーカー系カスタマイズビルダーからの信用も厚いRaleigh Restorationブランドの"クラッチシーラー"を使用して、ワンポイント塗装の最後の工程である表面処理を行った。

17 Raleigh Restorationブランドのクラッチシーラーを使用してトップコートを施すと塗装面の強度が著しく向上するため、はみ出した塗料の修正が難しくなる。トップコート処理の前に塗装面を改めて確認して、修正すべき部分がある際にはサンドペーパーやアセトンを用いて処理しておこう。

18 塗装面が完全に乾燥したのを確認した後、筆を使ってクラッチシーラーを塗っていく。液体のクラッチシーラーは白く濁っているが、乾燥すると無色透明に仕上がるので心配無用。またトップコート処理後に、上からAngelus Paintなどの塗料で再塗装する事も可能なので、カラーが気に入らなかった場合も安心だ。

19 トップコートは塗装面の強度に影響するので、塗り忘れの無いように注意したい。今回使用したクラッチシーラーは表面がツヤ消しに仕上がるタイプ。仕上がり時の光沢感を変更したい場合は、クラッチシーラーの乾燥後にAngelus Paintの"ハイグロスアクリルフィニッシャー" などを再塗装して調整する。

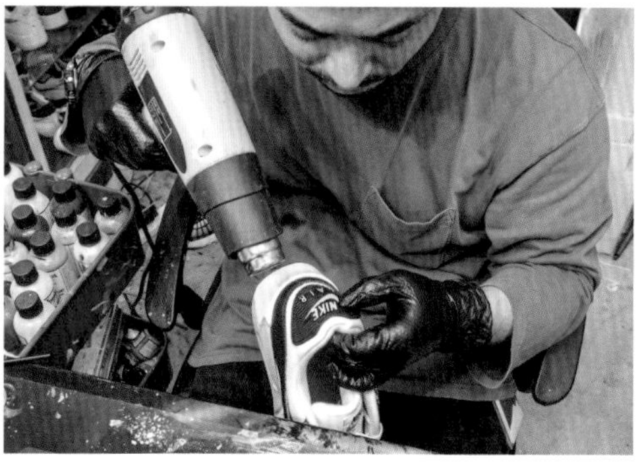

20 片足のトップコートが完了したら、もう片足の作業に移る前にヒートガンで乾燥させることを推奨する。塗料のペイント時と同様に、乾燥時間の短縮はホコリなどから塗装面を守る意味も持ち合わせている。スニーカーのカスタムペイントを行う際は、ヒートガンが必須アイテムと評しても過言ではないだろう。

ワンポイント塗装の完成

パーツのカラーを変更するだけで見た目の印象がグレードアップ！

ここで紹介したNIKEの公式カスタマイズサービス"BY YOU"をベースにしたワンポイント塗装によるアップデートは、プロが手掛けたこともあり、両足で1時間も経たずに完成している。経験に乏しいカスタマイズビルダーであれば相応の時間を必要とするだろうが、必要な道具さえ揃えてしまえば週末に楽しむD.I.Yとして充分に成立する手軽さだ。人気スニーカーを象徴するカラーを連想させる塗料を多数ラインナップするAngelus Paintは、そうした"週末D.I.Y"をより快適になるよう手助けしてくれるハズだ。

CUSTOMIZE BUILDER INFORMATION

ジャンクヤード高円寺
スニーカーアトランダム高円寺店

〒166-0003
東京都杉並区高円寺南3丁目53-8
TEL:03-5913-7690
営業時間:10:00〜19:00
定休日は直接お問い合わせ下さい

https://sneaker-at-random.com/

さりげないバックスタイルに込めた
スニーカー好きを主張するコダワリ

ONE POINT PAINTING

NIKE BY YOU AIR MAX 90

CASE STUDY #03 INKJET TRANSFER

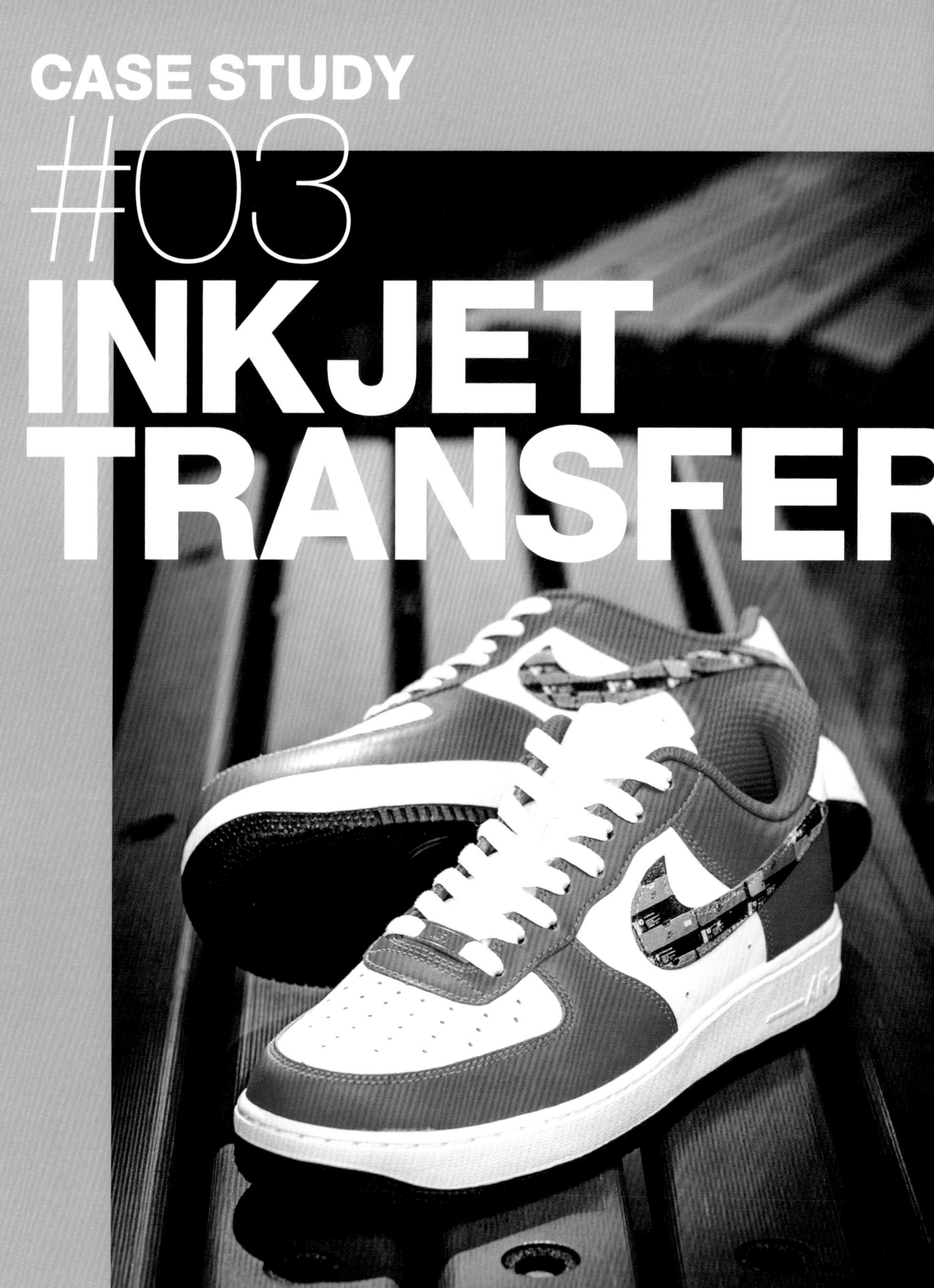

CASE STUDY #03

INKJET TRANSFER CUSTOM/水転写シートカスタム

CASE STUDY #03

INKJET TRANSFER CUSTOM/水転写シートカスタム »
NIKE AIR FORCE 1 LOW

自慢のスニーカーコレクションをデザインに活かす
短時間で完成可能なお手軽カスタマイズ

YouTube等でお馴染みのスニーカーに水圧でフィルムを転写する手法は、手描きでは難しいグラフィックが再現できるカスタマイズスキルだ。ただ、カスタムで使用するフィルムの入手が難しく、販売されているグラフィックのバリエーションも限られている。デザインをスニーカーに転写する面白さはそのままに、手軽で自由なカスタムが出来ないかと考案したのが、ここで紹介する"水転写シートカスタム"だ。家庭用プリンターで印刷可能な水転写シートを活用し、スニーカーコレクターならではのカスタムに挑戦しよう。

製作：CUSTOMIZE KICKS MAGAZINE 編集部

主な取得スキル

■水転写シートの作成……P.017
■デザインを転写する面の下処理……P.018
■水転写シートの貼り付け……P.020
■デザインを転写したパーツのトップコート処理……P.022

水転写シートの作成

印刷前にデザインを左右反転するのを忘れずに

自身のコレクションをスニーカーのデザインに落とし込む"WE LOVE NIKE"風のカスタムを行うため、ここでは家庭用プリンター対応のデコレーション用水転写シートを利用した。水転写シートは白地のパーツに使用しないと本来の発色が再現できないデメリットはあるものの、その取り扱いは非常に簡単で、さらに価格も手頃と言う初心者に優しい特性を有している。こうした材料を活用しない手は無いだろう。

01 デコレーション用水転写シートは透明なシートにインクジェットプリンターで柄をプリントするので、シートを貼る部分が白く無いと、デザインした通りの発色が再現できない特性がある。プリントした色を再現したい場合は、白いパーツを選んでシートを貼るか、スニーカー用の塗料を使って予め白く塗装する必要がある。

02 ここで使用したのはPLUSの"インクジェット用紙 デコレーション用水転写シート"だ。amazon等で簡単に購入でき、A4サイズのシートが3枚入りで1000円前後にて購入できる。商品レビューには"水で落ちやすい"との評価があるが、そこは防水対策をしっかりと行えば問題ないだろう。

03 デコレーション用水転写シートに印刷する素材に使用したのは、スニーカーのコレクション部屋に積んであった1990年代のスニーカーと、その年代のスニーカーを復刻したモデルに使われていたNIKEの箱だ。これを無造作に並べ、一眼レフはあえて使用せずスマホのカメラ機能で撮影している。

04 水転写シートは印刷面を対象に貼り付けるため、デザインが左右反転した状態で仕上がるのが特徴だ。そのためPCで印刷する際に、予め画像の左右を反転するのを忘れずに。ここでは撮影した画像をそのまま反転したバージョンに加え、コピーした画像を並べた横長バージョンも作ってみた。

デザインを転写する面の下処理

プロショップのカスタムペイントと同等の下地作りを施す

このカスタムでは塗料や筆を使わず、デザインを印刷したシートをパーツに貼る作業が中心だ。その作業自体は非常にお手軽で、短時間で対応可能ではあるものの、スニーカーに貼り付けたシートが簡単に剥がれては意味がない。そのような事態を避けるためには、しっかりと下地を作る事が重要となる。ここではスニーカーにカスタムペイントを施す時と同レベルの下処理を行っていく。

05 今回の作例では、サイドパネルのスウッシュにのみ水転写シートを貼り付けていく。その下処理にはアセトン等の強い溶剤を使用する。後の工程で水転写シートのデザインを整える目的に加え、カスタムを施すパーツ以外を保護する意味で、スウッシュの周囲にはしっかりとマスキング処理を施そう。

06 スウッシュの周囲にマスキングテープを貼り終えた状態。今回はスウッシュの周囲に合わせて貼り付けるのではなく、一旦スウッシュをカバーするように広くマスキングテープを貼り、デザインナイフでスウッシュ部分を切り抜いている。いずれの方法でも、しっかりとマスキングが施されていれば問題ない。

07 水転写シートを貼るスウッシュの表面をアセトンで拭き上げて、パーツの表面から油分やコーティングを除去しよう。ここではホームセンターで購入したアセトンと、100均ショップで購入可能なポンプディスペンサーとメラミンスポンジを準備して、プロショップと同レベルの下地作りを行っていく。

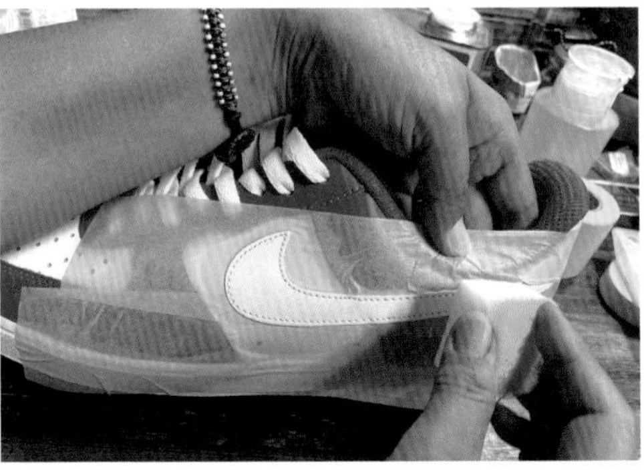

08 アセトンを缶からスポイト等を使って必要な量をポンプディスペンサーへ移し、メラミンスポンジに含ませてスウッシュの表面をクリーニングする。白いパーツをクリーニングする際は塗料の落ちを確認するのが難しいが、パーツの表層を薄く剥くイメージを持ちながら、しっかりとクリーニングしておこう。

>>

プライマーの塗布と水転写シートの準備

箱を積み上げげた感をスウッシュで表現したい

アセトンでクリーニングしたスウッシュの表面にプライマーを塗布していく。プライマーとは塗料の乗りを良くするために使用する下地剤で、この原稿を書いている時点では、スニーカーのカスタムペイント専用という肩書のプライマーは発売されていない（接着剤用のプライマーは存在する）。ここでは、スニーカー塗装のトップコート剤“スクラッチシーラー”を、プライマーとして代用する。

09 Raleigh Restoration ブランドの Scrach Resistant Sealerは、通称“スクラッチシーラー”と呼ばれ、多くのカスタマイズビルダーが愛用するトップコート剤である。スニーカーの素材や塗装面に強力に食いつく特性から、トップコートだけでなく、プライマーとしても使われるカスタム界の定番アイテムだ。

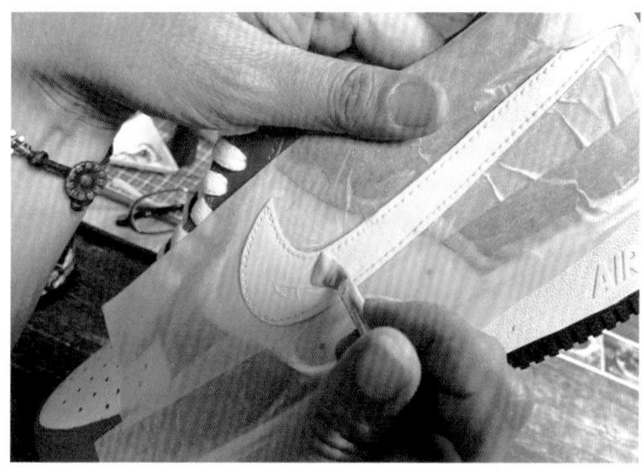

10 スクラッチシーラーを原液のままスウッシュに筆塗りする。スクラッチシーラーはトップコートと下地の両方に使えるだけでなく、水性なので濃度が濃くなった際も水を加えれば調整可能。さらに使用した筆も水道で簡単に洗浄できる。手頃な価格とは言い難いが、その使い勝手の良さは非常に魅力的だろう。

11 スウッシュに貼る水転写シートのデザインバランスを確認する。箱を大きく写したパターンだと貼り付けた際に“積み重ねた”感が薄れ、逆に小さすぎると“スニーカーの箱らしさ”が消えてしまう。ここでは撮影した画像を2枚並べたバージョンをセレクトして、水転写シートをスウッシュに貼り付けていく。

12 スウッシュに貼り付けるデザインのバランスを確認したら、水転写シートから使用する部分を切り出していく。カッティングマットとステンレス定規を使って直線的に切り出そう。最終的には左右4箇所のスウッシュに水転写シートを貼っていくが、先ずは1箇所を完成させ、その出来栄えを確認する事にした。

水転写シートの貼り付け

転写する面に気泡が入らないように水を含ませていく

スウッシュの下地作りと表現するデザインバランスの確認を終えたら、実際に水転写シートを貼り付けていこう。印刷面がスウッシュ側になるように水転写シートを置き、台紙（裏面）側から水を含ませて転写する。プラモデルの水転写シールにも似た、どこか懐かしさを覚える工程だ。トップコートを施す前であれば貼り付けたシートを剥がす事も可能なので、失敗を恐れずに作業を進めたい。

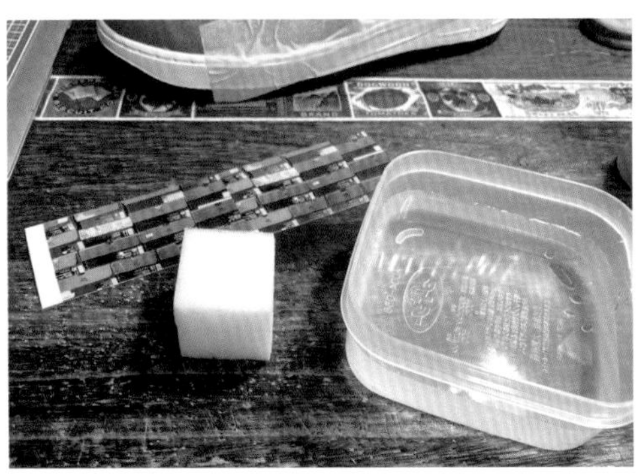

13 水転写シートの貼り付けは、台紙に水を含ませるスポンジと水があれば準備完了。この手軽さはカスタム初心者にとっても魅力的に映るハズだ。水転写シートは僅かな水が触れただけでシートから剥がれ始めるため、転写する位置に合わせるまでは、シートに水滴が飛ばないように注意する事もお忘れなく。

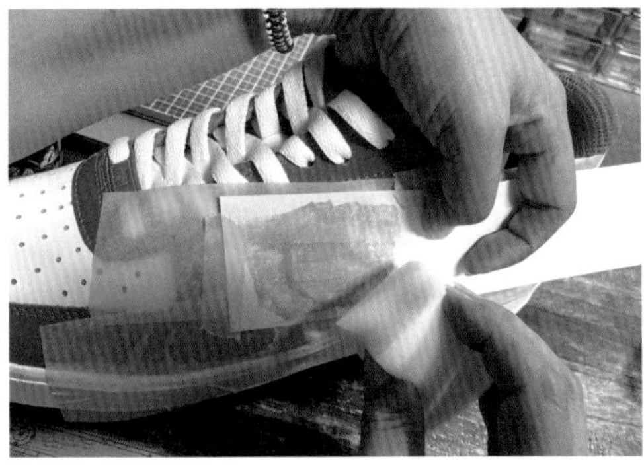

14 水転写シートの印刷面がスウッシュ側になるように重ね、位置を確認したらシートの片方をマスキングテープで固定する。貼り付け位置を再度確認の上、台紙に水を含ませて貼り付けていく。水転写シートの両端を固定するとシワになりやすいので、片側だけを固定した状態で貼り進めるのが重要だ。

15 水転写シートの全体に水を含ませて、スニーカーに密着させた状態。この時点でシートとスウッシュの間に気泡が入った場合には、水を含ませたスポンジで、パーツの外へと押し出しておく。水転写シートの台紙は意外なほど水を吸い込むので、小まめにスポンジに水分を含ませるのも忘れずに。

16 水転写シートの全体に水が浸透したら、シートが乾燥する前に台紙を剥がしていく。シートにしっかりと水を含ませておけば、気持ちよく台紙が剥がれてくれるだろう。印刷したシートの状態では反転されていたデザインが、本来の状態でスウッシュに転写されているのが分かるだろうか。

>>

マスキングテープの除去

転写したシートが完全に乾く前にマスキングを剥がしていく

水転写シートの台紙を剥がしたら、スウッシュの周囲に貼ったマスキングテープを剥がしていく。ベースに選んだAIR FORCE 1がオレンジを使った配色なので、スウッシュに転写するデザインもオレンジがポイントになるよう意識しているが、その仕上がりは如何だろうか。デザインが思い通りに仕上がっていなければ、転写したシートを一旦剥がして、最初の工程からやり直せば良いだけだ。

17 水転写シートの台紙を全て剥がした状態。水転写シートのメーカーが推奨する使い方では無いため、シートが乾く前にマスキングを剥がすべきか、乾燥させてから作業するかで悩んだものの、プラモデルに水転写シールを貼る作業をイメージして、完全に乾燥する前にマスキングを剥がす事にした。

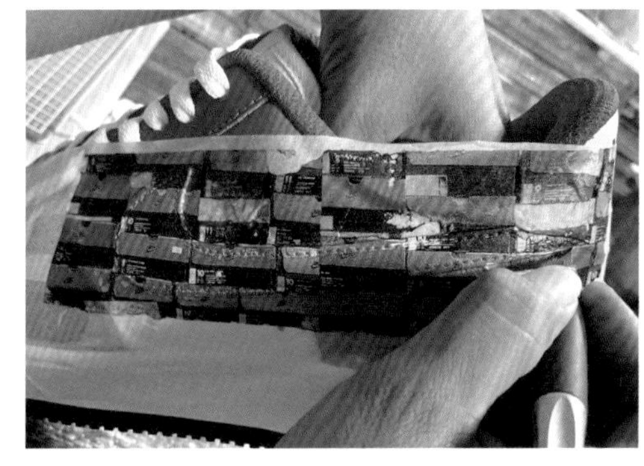

18 マスキングを剥がす前に、念のためスウッシュのディテールに沿ってデザインナイフの刃を当ててみた。貼り付けたシートを切るのではなく、あくまで刃を当てるだけの力加減で対応している。この作業の効果を検証するのは難しいものの、“やれる事はやっておく”スタンスはD.I.Yには不可欠だ。

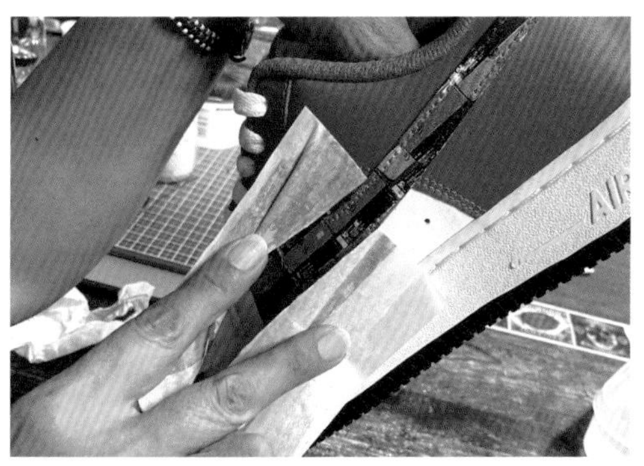

19 スウッシュの後端方向から、マスキングテープをゆっくりと剥がしていく。ここまでの出来栄えを確認する緊張の瞬間だ。今回の作例では順調に作業が進んでいるが、マスキングテープで転写したシートが剥がれるような箇所があれば、デザインナイフで切り取る等のリカバリー策で対応しよう。

20 スウッシュの周囲から全てのマスキングテープを剥がした状態。箱を積み上げてスマホで撮影した画像が、スウッシュの上で見事に再現されているのが分かるだろう。思わず自画自賛したくなる程の出来栄えである。デザインの仕上がりに納得したらしっかりと乾燥させ、スウッシュにトップコートを施していく。

デザインを転写したパーツのトップコート処理

2層のコーティングで転写したシートを水からガードする

水転写シートは水に濡れると剥がれる特性があるので、スウッシュの表面だけでなく、パーツの断面にもトップコートを施して転写したシートをコーティングする。業務用の水転写フィルムでも使用するウレタン系のクリア塗装で仕上げると安心なのだが、ウレタン系塗料は身体に有害な成分が含まれており、相応の塗装環境が必要となる。ウレタン系塗料の使用は、自身の作業環境を踏まえて判断しよう。

21 貼り付けた水転写シートが水で剥がれるのを防ぐため、ここでは2層にトップコートを施していく。最初に塗るのはプライマーとしても使用したRaleigh Restorationの"スクラッチシーラー"だ。スウッシュを指で触り、シートが乾燥している事を確認して、スウッシュ全体にスクラッチシーラーを筆塗りしよう。

22 この工程で注意を払うべきポイントは、スウッシュパーツの断面にもしっかりとトップコートを塗布する事に尽きる。スウッシュの表面に塗り残しの無いように塗布するのはもちろんのこと、パーツの断面もスクラッチシーラーをサイドパネルにはみ出させる位の感覚で、塗り残しなく塗布するのが肝心だ。

23 仕上げのトップコートは防水性に優れるウレタン系の塗装スプレーを吹き付けると安心なのだが、人体に有害な成分が含まれ扱いが難しいので、ここではAngelus Paintのトップコート剤"アクリルフィニッシャー"を重ね塗りする。防水性は期待できないが全体のツヤ感が整うので、仕上がりが美しくなるのだ。

24 スクラッチシーラーと同様に、スウッシュパーツの断面にも念入りにアクリルフィニッシャーを塗っていこう。転写したシートを2層のトップコートでコーティングを施せば、今回のカスタムも完成だ。更なる水対策を施す場合には、仕上がり後にスニーカー用の防水スプレーを吹き付けるのも効果的だろう。

>>

水転写シートを活用したカスタムスニーカーの完成

週末の作業だけで完成可能なお手軽カスタムスニーカー

ここまでの工程を繰り返し、全てのスウッシュに水転写シートを貼り終えれば完成だ。編集部が自宅で作業した際には、両足のカスタマイズを約3時間で完了している。スニーカーのカスタマイズとしては非常に短時間ではあるものの、その仕上がりは2018年に一世を風靡した“WE LOVE NIKE”を彷彿させる程。自身で撮影した画像を転写するカスタムなので、AIR JORDAN 1をデザインに活かすなど、様々なデザインに応用可能なカスタマイズスキルと言えそうだ。

心配した耐水性も、シャワーで強めに水を当てる程度であれば、シートが剥がれる気配は無さそうである。但し、実際に着用してデザインを転写した箇所に“履き皺”が入った場合には、そこから水の影響を受け、シートが剥がれる可能性も否定できない。完成させたカスタムスニーカーを長く楽しむのであれば、天気予報を確認して、雨の日を避けて履けば良いだけの話だ。

CUSTOMIZE BUILDER INFORMATION

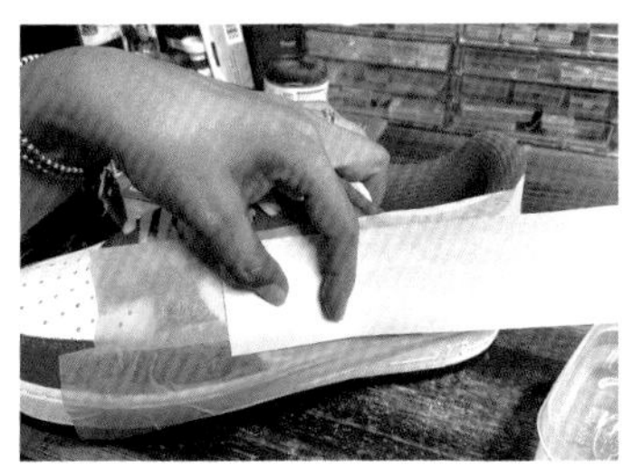

製作：CUSTOMIZE KICKS MAGAZINE 編集部

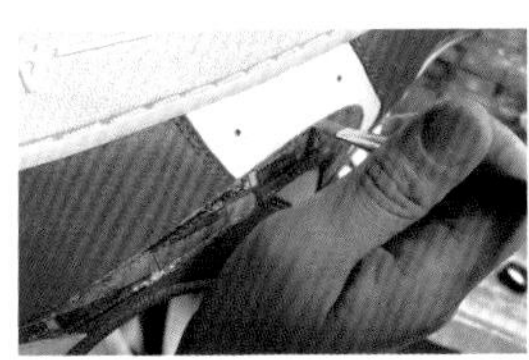

いつものスニーカーライフをカタチに変える
カスタマイズスタイル

INKJET TRANSFER CUSTOM
NIKE AIR FORCE 1 LOW

CASE STUDY #04 STENCIL PAINTING

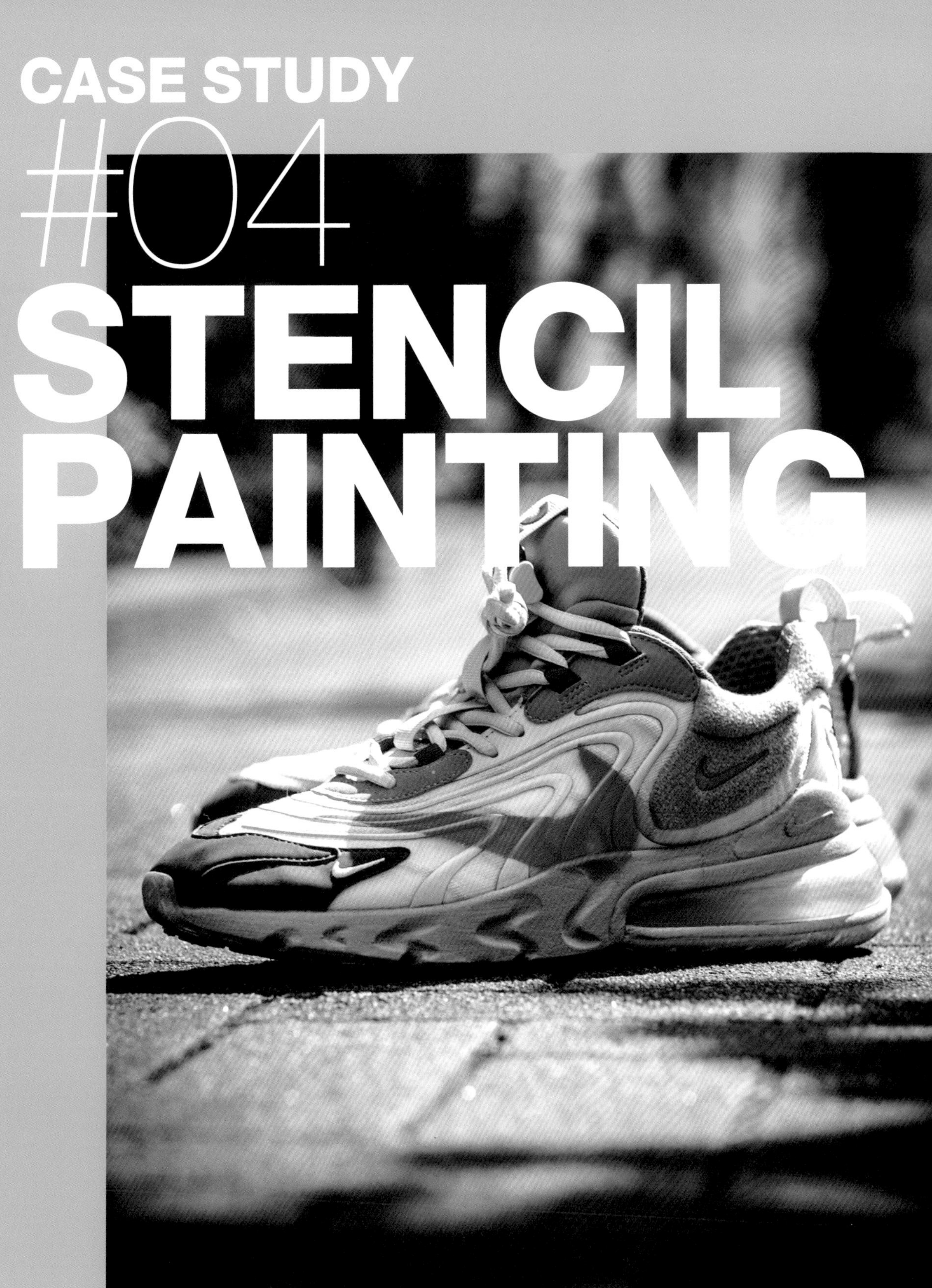

CASE STUDY

#04 STENCIL PAINTING/ステンシルペインティング

CASE STUDY #04

STENCIL PAINTING/ステンシルペインティング »
NIKE AIR MAX 270 CACTUS TRAILS "TRAVIS SCOTT"

メーカーが公式に推奨していた ステンシルを使ったカスタムペイント スニーカー用塗料をエアブラシで吹いて描く

カスタムスニーカーの基本は、メーカーの製品に満足できない個人が楽しむ趣味だ。
だが、ごく稀にメーカーが公式にカスタムを推奨していたスニーカーも存在する。
ここで紹介するトラヴィス・スコットとのコラボで誕生したAIR MAX 270も、メーカーが公式に
カスタムペイントを推奨していたスニーカーのひとつ。ここからは、メーカーが推奨していた手順を再現して、
AIR MAX 270のアッパーに鮮やかな"リバーススウッシュ"を描く工程を紹介する。

取材協力：モノ作りワーキングスペース クリエイターズワン

主な取得スキル

■ステンシルシート（型紙）の準備 P.027
■シューズのマスキング処理 P.031
■ステンシルでスウッシュを描く P.033
■トップコートの吹き付け P.035

ステンシルシート(型紙)の準備

切り抜く部分の精度が仕上がり時の完成度に影響する

2020に発売されたNIKE AIR MAX 270 CACTUS TRAILS "TRAVIS SCOTT"に、公式の型紙を使用して、ステンシルでスウッシュを描いていく。ここで行うステンシルとは、型を使用して文字やイラストを転写する技法だ。以前は公式サイトにダウンロード用の型紙データが公開されていたのだが、現在は公開終了しているので、既存のスニーカーのサイドパネルをコピー等してオリジナルの型紙を作成しよう。

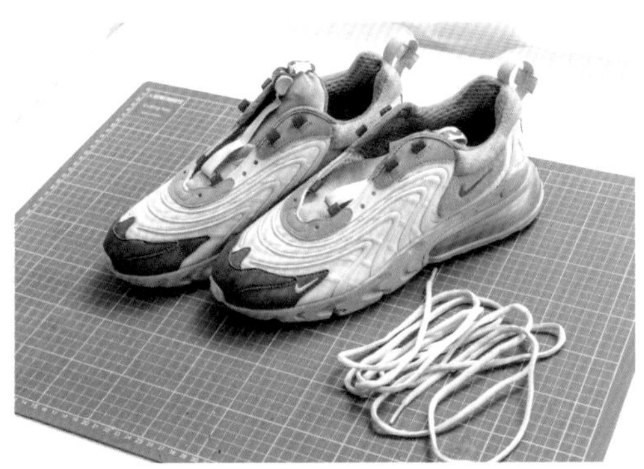

01 今回のステンシルでスウッシュを描くAIR MAX 270。同じデザインのKIDSモデルには、オレンジのスウッシュがアッパーに描かれていたが、このメンズサイズはシューズの前後に小さなスウッシュが入るのみ。キッズモデル同様のルックスを再現するには、公式の型紙を使って自分自身で描く必要のあるスニーカーなのだ。

02 公式サイトからダウンロードした型紙を、プリンターを使ってラベルシールに印刷する。A4サイズに左右のスウッシュが収まるデータに整えられているのが有難い。ステンシルの経験が無い場合には、ラベルシールに印刷する前に通常の用紙で出力して、スウッシュを切り抜く練習に役立てるのも良いだろう。

03 印刷したラベルシールを左右の型紙用に切り分け、デザインナイフを使用して点線で描かれたデザインをトレースするように、スウッシュのディテールを切り抜いていこう。ここで切り抜いたスウッシュ部分は、ステンシルを施す位置を確認する際にも利用するので、捨てずに保管するのを忘れずに。

04 ラベルシールから左右のスウッシュディテールを切り抜いた状態。ここで切り抜いた形状が、そのままスニーカーに反映されるので精度を高めておきたい。今回の作例では型紙をシールのようにスニーカーに貼り付け、切り抜いた部分にエアブラシで塗装を吹き付けるので、型紙は基本的に使い捨てになる。

ステンシル位置の調整

左右のアウトサイドにリバーススウッシュを追加する

AIR MAX 270のKIDSバージョンに描かれているスウッシュは、通常とは反対になる“リバーススウッシュ”と呼ばれるディテールに仕立てられている。そうした背景があり、ここで用意したメンズモデルにもリバーススウッシュを追加する。ここで活躍するのがステンシルの型紙から切り出した“切れ端”である。その切れ端でリバーススウッシュを描く位置を調整して、理想のカスタムスニーカーに仕立てよう。

05 前工程でスウッシュを切り抜いたステンシル用の型紙。但し最初に使用するのは型紙本体ではなく“切れ端”だ。AIR MAX 270のステンシル用に公式の型紙データが公開されたが、スウッシュの配置図は存在しない。どこにスウッシュを描くかの決定権は、カスタマイズビルダーのセンスに委ねられている。

06 スウッシュ状に切り抜かれたラベルシールの切れ端は、台紙を剥がせばシールのようにアッパーに貼り付ける事も可能だ。ただ、納得のいく位置に収めるまでには何度も貼り直すのが前提になるため、小さく切り分けたマスキングテープを使って、切れ端パーツを固定した方が、作業を進めやすくなるだろう。

07 スウッシュを描く位置を検討した結果、シューズの前方から後方に流れるように配置して、一部がミッドソールにはみ出すバランスを選択した。この位置では異なる素材のパーツを塗装する作業になるが、そこは下地作りをしっかりと行えば問題は無いと判断し、分かりやすい“カッコ良さ”を優先している。

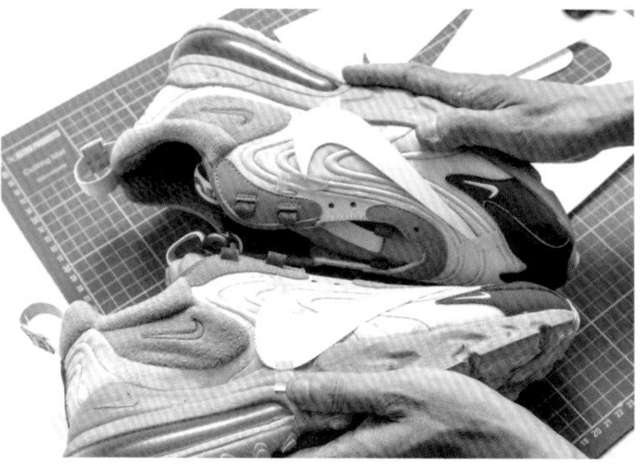

08 反対足にも切れ端パーツをマスキングテープで取り付けた状態。今回はKIDSモデルと同じ明るいオレンジを使ってスウッシュを描く予定なので、仕上がり時にはかなり目立つディテールになると予想される。そのため可能な限り左右対称になるように整えて、違和感が出ないように配慮した。

>>

CUSTOMIZE SKILL

ステンシル用の型紙を貼り付ける

紙素材で作った型紙を曲面に貼るのは難しい

ステンシルでスウッシュを描く位置が確定したら、仮止めした切れ端パーツをガイドラインにして、ステンシル用の型紙を貼り付けていく。この際、予めラベルシールの台紙に切り込みを入れ、型紙の前後で別々に台紙を剥がせるように加工しておく。型紙の貼り付け位置がずれると、ステンシルで描いたスウッシュの位置もずれてしまう。左右対称に仕上げるためにも慎重に作業を進めたい。

09 アッパーに仮止めしたパーツと型紙の穴を重ねるように、スウッシュを描く位置に型紙をセットする。貼り付ける位置に調整ができたら、ラベルシールの後半部の台紙を剥がしてアッパーに貼り付けよう。全体的な圧着は後の工程で対応するため、ここでは正しい位置に型紙を固定するだけで問題ない。

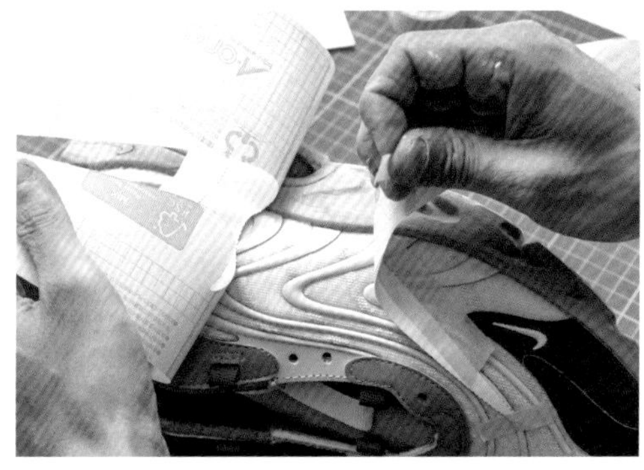

10 型紙の後半部をアッパーに貼り付けて位置を固定したら、型紙の前半部を持ち上げて、取り付け位置のガイドラインに使用した切れ端パーツを外していく。この後の工程で型紙全体をアッパーに貼り付けるため、切れ端パーツを固定していたマスキングテープの取り忘れが無いように注意したい。

11 スウッシュを描く位置の確認に使用したパーツを外し終えたら、型紙前半部の台紙を剥がし、アッパーに貼り付けていく。貼り付ける際に型紙にシワが入ると、スウッシュのディテールが崩れてしまう。シューズの表面に凹凸があるため少々貼りにくいが、前半に向かって徐々に貼り進めるように作業を進めよう。

12 アッパーに型紙を貼り終えた状態。ここで型紙の素材に使用したラベルシールは紙製品なので柔軟性が無く、曲面に貼り付けると若干のシワが入ってしまう。スウッシュのディテールが歪む程では無いので、このまま作業を進めるが、もう片足の作業では柔軟性のある素材で型紙を作るアプローチをしてみたい。

ステンシル用の型紙を貼り付ける

カッティングシートでアッパーに密着させやすい型紙を作る

ラベルシールを使用した型紙作りはオフィシャルが推奨する手順なのだが、紙素材のラベルシールはアッパーのディテールに馴染まず、貼り付けに苦戦する結果となった。その状況を見たクリエイターズワンのオーナー氏より、カッティングシートを使用するとディテールに馴染みやすい型紙が作れそうだと提案を頂いた。ここからはオーナー氏の提案によるカッティングシートの型紙を製作する。

13 カッティングシートを素材にして、ステンシル用の型紙を作成する。先ずは適当なサイズに切り出したカッティングシートを用意して、スウッシュの形を切り抜いたラベルシールをマスキングテープで固定する。ラベルシールに空けたデザインに沿って、デザインナイフでカッティングシートを切り抜けば完成だ。

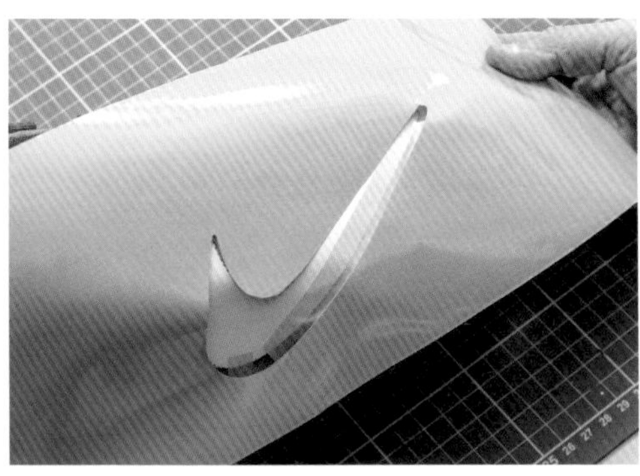

14 アッパーに仮止めした切れ端パーツにカッティングシートで作成した型紙を合わせ、スウッシュの形状に歪みが無いか確認する。紙とは違い、厚さのあるカッティングシートをシャープに切り抜く作業はある程度の経験が必要なので、慣れるまではハギレを使って切り出しの練習を行うのをお勧めしたい。

15 カッティングシート製の型紙で作成したスウッシュのディテールに歪みが無い事を確認したら、シューズに貼り付けやすい大きさに切断し、台紙を剥がしてアッパーに貼り付けていく。ここで使用するカッティングシートには特に指定は無いが、入手しやすい普及品を使用しても特に問題は無いだろう。

16 カッティングシートをアッパーのディテールに押し付けるように貼り、仮止めしておいたスウッシュ状の切れ端パーツを取り外そう。ラベルシールで作成した型紙に比べ、明らかにパーツ形状に密着している様子が分かるだろう。ラベルシールを張り付けたもう片足と比べ、仕上がりに違いが出るのかも楽しみだ。

>>

CUSTOMIZE SKILL

シューズのマスキング処理

塗装方法に適したマスキング処理を選択しよう

アッパーにステンシル用の型紙を貼り付けたら、塗装しない部分にマスキングを施していく。ステンシルを行う際の塗装方法は色々とあるが、スニーカーにステンシルを施す場合は、エアブラシ、もしくは缶スプレーを使用するのが一般的だろう。ここで紹介する作例ではAngelus Paintをエアブラシで吹き付ける予定なのだが、あえて缶スプレーで塗装する際のマスキング方法も実践して頂いた。

17 先ずはエアブラシでステンシルを行うケースを想定したマスキングを施していく。エアブラシを適切に使用した際には、それほど広い範囲に塗料が飛び散る事は無い。そのため、エアブラシ塗装を行う際に塗料を吹き付ける方向を意識しながら、型紙の周囲を中心に、隙間の無いようマスキングテープを貼っていく。

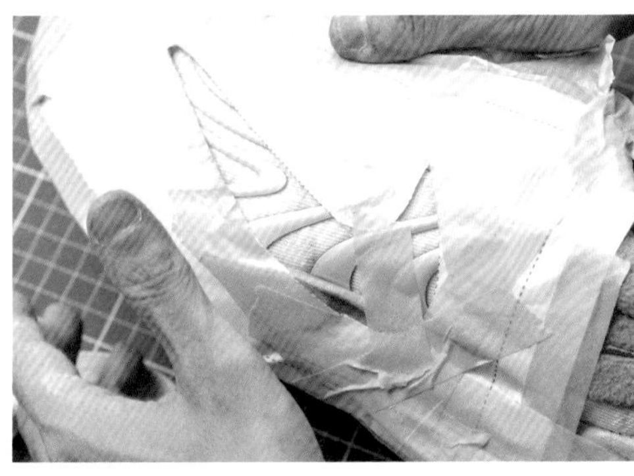

18 エアブラシ塗装を想定したマスキングを施した状態。塗料が飛び散る範囲と、その周囲にマスキング処理を施している。画像では塗装する部分にもマスキングテープが貼られているが、これは型紙が浮く状態を防ぐためのもの。マスキング以外の部分を先に塗装して、最後にテープを剥がして再塗装する算段だ。

19 反対足には缶スプレーでの塗装を想定したマスキングを施していく。缶スプレーは塗料の量が調整できないので、塗装時に缶を素早く動かして吹き付け、塗料が垂れないように配慮する必要がある。そのため広範囲に塗料が飛び散ることになるので、塗装する箇所以外の全てにマスキングを施すのが前提になる。

20 クリエイターズワンのオーナー氏はスニーカーに100均ショップで購入可能なポリ袋を被せ、型紙に沿うようにマスキングテープで固定。短時間で塗装部以外の全てにマスキング処理を完成させた。マスキングが必要な理由や塗装方法に合わせ、適材適所で対応する発想が作業効率を大幅にアップしてくれるのだ。

>>

スニーカー用塗料とエアブラシの準備

エアブラシを使った塗装には塗料に適合する薄め液が欠かせない

ステンシルを行う箇所以外にマスキングを施したら、ステンシルでスウッシュを描いていく。ステンシルと言っても、エアブラシを使用する際には筆塗りカスタムペイントと同じ塗料を用意すれば問題は無い。より手軽なスプレー塗料にも"染めQ"のような優れた商品が発売されているが、こちらはカラーの選択肢が少ないのが玉に瑕。ここからはエアブラシを使用するステンシルの手順を紹介していく。

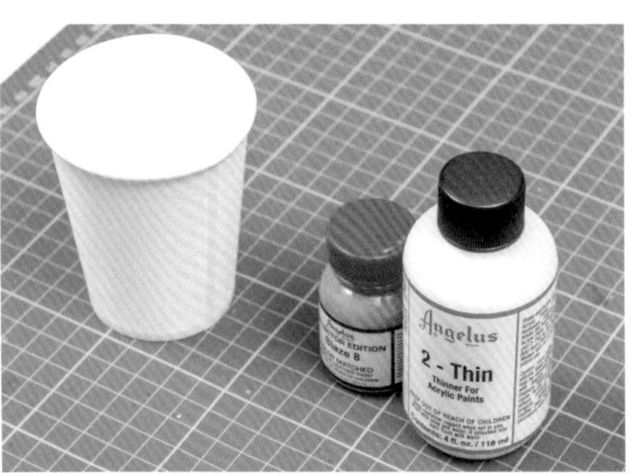

21 今回の作例で使用する塗料は、Angelus Paintの"BLAZE 8"。スニーカーをイメージするオレンジに調色された"コレクターエディションペイント"と呼ばれるアイテムだ。Angelus Paintをエアブラシを使って塗装する際には、筆塗り時とは異なり、塗料の倍程度の薄め液を加え、希釈してから使用する。

22 紙コップに塗料と倍量の薄め液"Angelus 2-Thin"を加え、エラブラシ塗装に適した濃度に調整する。塗料を原液のままエアブラシに使用するとダマになって飛び散るので、必ず薄め液を用意しよう。また水性アクリル塗料は空気に触れると硬化が進むため、必要な量を移し終えたら蓋を閉じるのも忘れずに。

23 今回はクリエイターズワンに常設しているエアブラシを使用して、スウッシュを描いていく。先ずは紙コップの縁を折り曲げるように尖らせて、エアブラシの塗料カップに濃度を調整したAngelus Paintを注いでいこう。またカラーを好みに調色する場合も、紙コップの中で塗料を混ぜるとやりやすい。

24 塗料カップに塗料を注ぎ、ノズルを指で押さえてトリガーを操作するとエアが逆流してカップの中を攪拌してくれる。ホビー系に詳しいスタッフが常駐するレンタルスペースであれば、有償でエアブラシの使い方をレクチャーするプログラムを提供するケースも少なくない。初心者にとって心強い味方になってくれる。

>>

CUSTOMIZE SKILL

ステンシルでスウッシュを描く

塗装面のコンディションを確認しながら作業を進めよう

エアブラシの準備が整ったらアッパーにスウッシュを描いていく。先の工程でカッティングシートを使った右足の型紙がアッパーにしっかりと密着していたので、ここでは右足から塗装を進める事にした。本来であれば事前に塗装面をアセトンでクリーニングしたい所だが、このアッパーにはラバー素材が使われており、溶剤で劣化する可能性がある。そのためアルコール系のウエットティッシュで表面をクリーニングした。

25 スウッシュの端にあたる箇所に軽くエアブラシで塗料を吹き付け、発色と塗料の乗りを確認する。レザー素材のスニーカーをカスタムする時のように、アセトンやプライマーで下地作りを行えばこうした心配は必要ないが、塗装を施す部分にラバーが使われているため、先ずは試し塗りで確認していく。

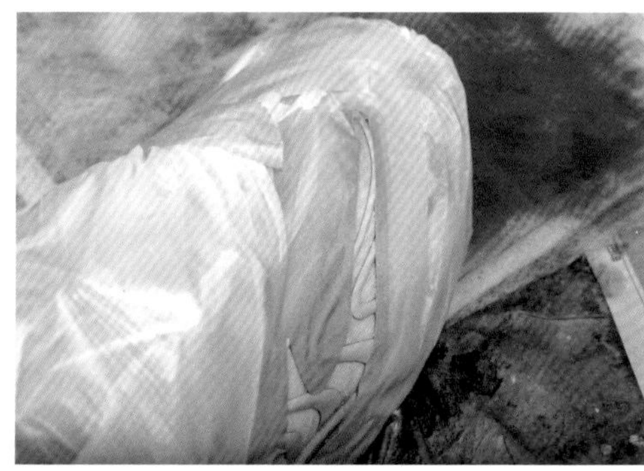

26 薄く塗装した箇所を乾燥させ、塗装面のコンディションを確認する。その結果、剥がれやひび割れそうな様子もなく、塗装後にトップコートを施せば問題ないとの判断に至った。これはスニーカーに適した塗料を使用した場合での判断なので、塗料の種類によっては、より慎重に作業を進める必要がありそうだ。

27 塗料を薄く重ねるようにエアブラシで吹き付ける。今回の塗装面がベージュ系なので、イメージ通りにオレンジが発色してくれるか気になっていたが、吹き付けた面を確認する限りでは特に問題は無さそうだ。この手法を他のカラーに応用する際は、場合によって、下地カラーを塗装する必要が生じるだろう。

28 片足のアッパーにステンシルでスウッシュを描いた状態。アッパーだけでなく、ミッドソールにリバーススウッシュがはみ出る箇所も、しっかりと塗装されている。この後にトップコートを施すが、その前にしっかりと塗装面を乾燥させる。乾燥に必要な時間を活かし、もう片足にもエアブラシを吹いていこう。

>>

ステンシルでスウッシュを描く

カッティングシートに比べるとラベルシールの型紙は隙間ができやすい

ラベルシールで型紙を製作した側にもスウッシュを描いていく。ラベルシールはカッティングシートに比べるとスニーカーのディテールに馴染みにくく、スニーカーと型紙の間に隙間が空いた箇所が確認できる。本来であれば密着させやすいカッティングシートに貼りかえるべきだが、ここではリカバリー策の検証も兼ねて、塗料を吹く方向を調整し、隙間に塗料が極力入らないように対応した。

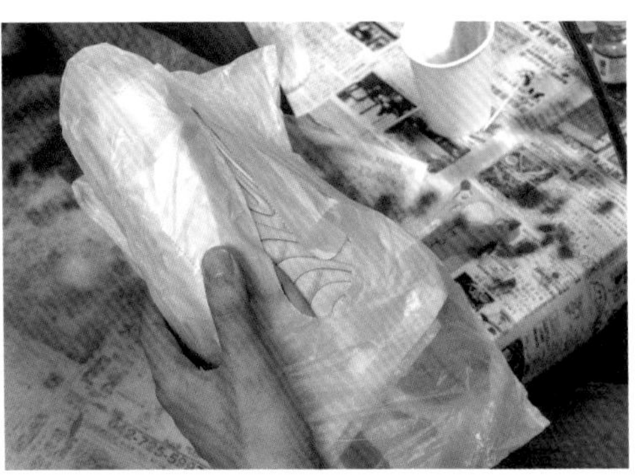

29 続いてラベルシールで型紙を製作した左足のステンシルを進めていく。型紙の浮きを押さえるマスキングテープは塗装の邪魔になると判断し、一旦剥がしている。塗装部の周囲のみに施していたマスキングも集中してエアブラシが吹けるように、塗装箇所以外の全てにポリ袋でマスキングを施した。

30 スニーカーを持つ位置を巧みに変えながら、なるべくスニーカー本体と型紙の間に塗料が入らないように調整する。多少の吹込みでエッジがぼやける程度であれば、ステンシルならではの"味わい"として楽しめるが、無造作に塗装を進め、スウッシュに見えなくなる事態は避けなければならない。

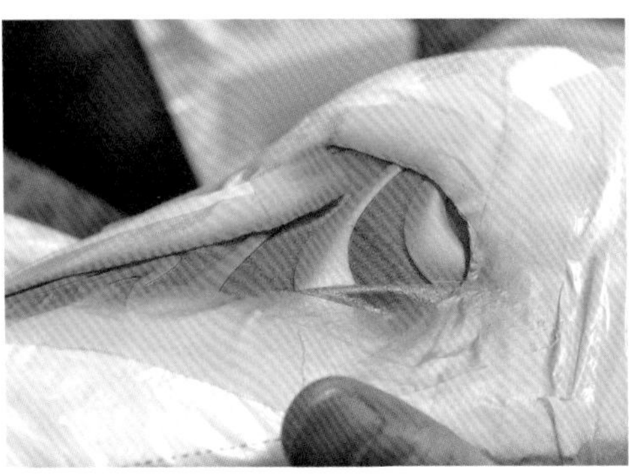

31 スニーカー本体と型紙の隙間を拡大してみた。メーカーの公式ではラベルシールの使用を推奨していたが、カッティングシートを使用した型紙はここまでの隙間は生じていない。スニーカーの表面素材によっても異なるのだろうが、今回の作例の場合、型紙にカッティングシートを使用するのが正解なのだろう。

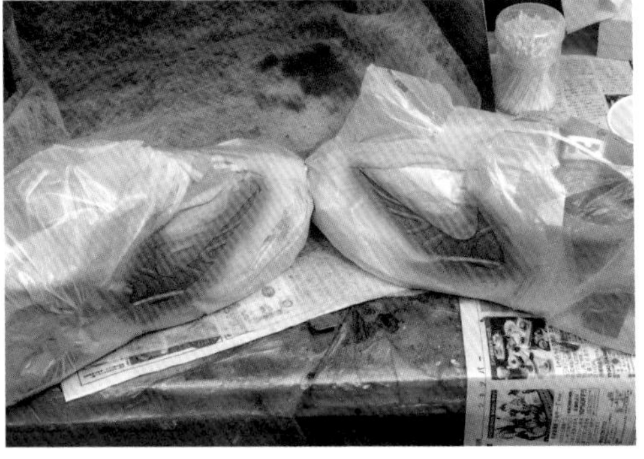

32 両足にステンシルでスウッシュを描いた状態。この状態でも、型紙にカッティングシートを使用した右足のフィット感が高く見えるだろう。とは言え、ここまで作業を進めたのであれば、あとは仕上げのトップコート処理に進むのみ。塗装する方向を調整したリカバリー術が効果を発揮している事に期待したい。

>>

CUSTOMIZE SKILL

トップコートの吹き付け

スクラッチシーラーはエアブラシでも使いやすいトップコート剤

ステンシルで両足にスウッシュを描き終えたら、塗装面の仕上げとしてトップコートを吹き付けていく。ここでは多くのカスタマイズビルダーが"アクリルペイントの強度が飛躍的向上する"と評価する、Raleigh Restorationの"スクラッチシーラー"を使用した。スクラッチシーラーは乾燥すると無色透明に仕上がるため筆塗りでもムラが出来にくいが、ここでは使い慣れたエアブラシでトップコート処理を行っている。

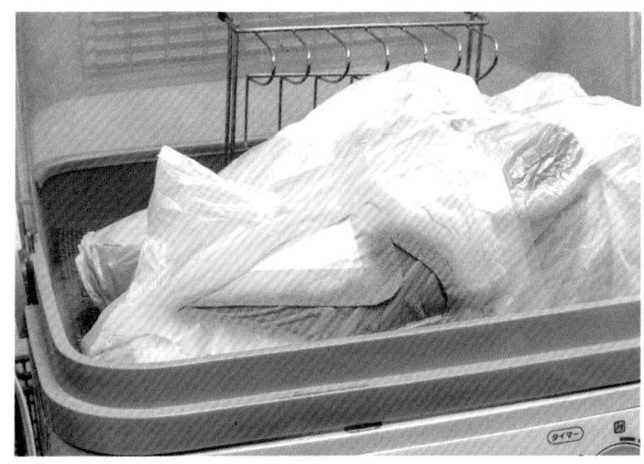

33 ステンシルを終えたスニーカーは、食器乾燥機を使って塗装面を完全に乾燥させる。今回取材したクリエイターズワンをはじめ、ホビー系のワークスペースに食器乾燥機が設置されているケースは決して珍しくないものの、食器乾燥機にスニーカーが収まっている光景はなかなかのインパクトだ。

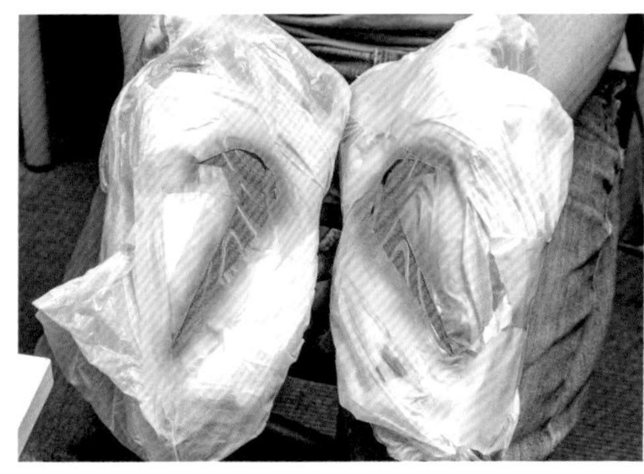

34 塗装面が乾燥したら、Raleigh Restorationの"スクラッチシーラー"を使ってトップコートを施していく。このスクラッチシーラーは乾燥時に表面が艶消しに仕上がるため、塗装した箇所に光沢感を演出したい場合は、グロス（光沢）系のトップコート剤をスクラッチシーラーに塗り重ねて仕上げると良いだろう。

35 エアブラシを使って塗装面にスクラッチシーラーを吹き付けていく。スクラッチシーラーは水性のトップコート剤なので、専用の薄め液を必要とせず、エアブラシでも使いやすい特性を有している。但し水で希釈した状態は乾燥に必要な時間が長くなるので、原液を筆塗りした時よりも長めに乾燥させる事を忘れずに。

36 左足に続き、右足にもトップコート処理を施していく。吹き付けたスクラッチシーラーが乾燥すれば、マスキングを外して完成だ。メーカーが公式に提案するステンシルに、ワークスペース発のアイデアをプラスした今回の作例で、コラボモデルのAIR MAX 270がどのように生まれ変わったのか楽しみだ。

マスキングの除去

型紙の違いによる仕上がりの差を確認する

公式が推奨する手法では型紙がスニーカーに馴染みにくいという、想定外のトラブルを乗り越えながら作業を進めたステンシルカスタムも最終工程。トップコートの乾燥を確認して、アッパーに施したマスキングを外していこう。型紙が馴染みにくい状態を確認しつつ、公式の説明に準じて作業を進めた左足と、現場のアイデアで問題を解決した右足で、果たして仕上がりに差が生じているのだろうか。

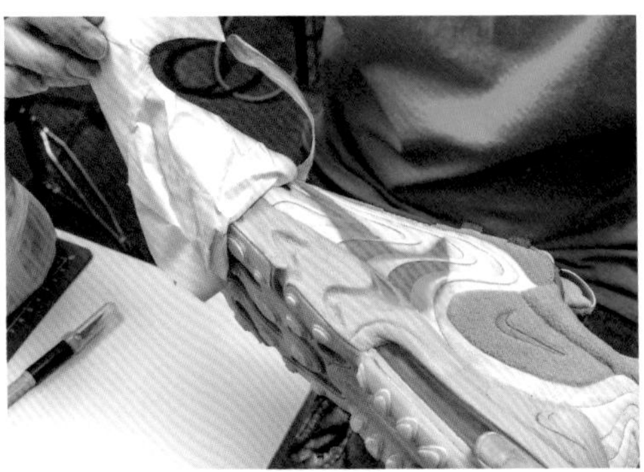

37 塗装面を指で触り、トップコートの乾燥を確認したらマスキングを外していこう。アッパーに描いたオレンジに染まるスウッシュが現れた瞬間は感動モノだ。一見しただけでは左右共に問題なくスウッシュが描かれているようだが、その細部に型紙の違いによる仕上がりの差が現れているのだろうか。

38 公式が推奨する工程に準じて、型紙にラベルシールを使用した左足のアップ。エアブラシを吹く方向を調整するテクニックを駆使して型紙の隙間に塗料が吹き込まないようリカバリーしたため、エッジが多少ぼやけているものの、ステンシルらしさを醸し出すディテールと受け取って問題ない仕上がりだ。

39 オーナー氏の提案で、型紙にカッティングシートを使用した右足のアップ。遠目では違いが分かりにくいのだが、近くに寄ると明らかにエッジがシャープに仕上がっているのが分かる。何よりエアブラシを吹く方向に細心の注意を払う事なく、この仕上がりを達成している事実は、特筆すべきポイントだろう。

40 結論を言えば、AIR MAX 270にステンシルを施す際は、型紙にカッティングシートを使用する事を推奨したくなる。しかもカッティングシートの方が、作業を楽に進める事ができるのだ。ここで紹介したアイデアに限らず、作業の効率を向上させ、よりカスタムが楽しくなるアイデアは大いに共有すべきだ。

>>

ステンシルでスウッシュを描いたスニーカーの完成

スニーカーカスタムで直面した“壁”はきっと乗り越えられる

“メーカーが公式に推奨するカスタムだから”と言う理由で企画がスタートした、ステンシルでスウッシュを描くカスタムペイント。実際に作業を進めると、初心者には高いハードルとなる作業もあり、誰もが気軽に楽しめるカスタムではない事実も判明した。ただ、作業を進めるうちに突き当たった壁を乗り越える努力を避ける人は、自身でスニーカーをカスタムしようとは最初から思わないのだろう。ここで紹介した作例を見て、やってみたいと感じた人は、壁を乗り越える事ができる人に違いない。今回の取材に協力頂いた『モノ作りワーキングスペースクリエイターズワン』は、そうした壁を乗り越えるために必要な設備とノウハウを提供する場所だ。あれこれ悩む前に、モノ作りの経験が豊富なスタッフが常駐するワークスペースに足を運んでみては如何だろうか。

CUSTOMIZE BUILDER INFORMATION

モノ作りワーキングスペース クリエイターズワン

〒252-0303
神奈川県相模原市南区相模大野5丁目27—17
TEL: 042-705-4402
営業時間: 平日: 13: 00～ 21: 00
休日: 12: 00～ 21: 00
(最終入店時刻目処: 20:30)
定休日: 毎週水曜及び前日までの予約がない火曜日
https://creators-one.org/wp/

オーナー
藤本さん

足元を彩るオレンジがすれ違う
スニーカーファンを振り返させる

STENCIL PAINTING
NIKE AIR MAX 270 CACTUS TRAILS “TRAVIS SCOTT”

CASE STUDY #05 CARTOON PAINT

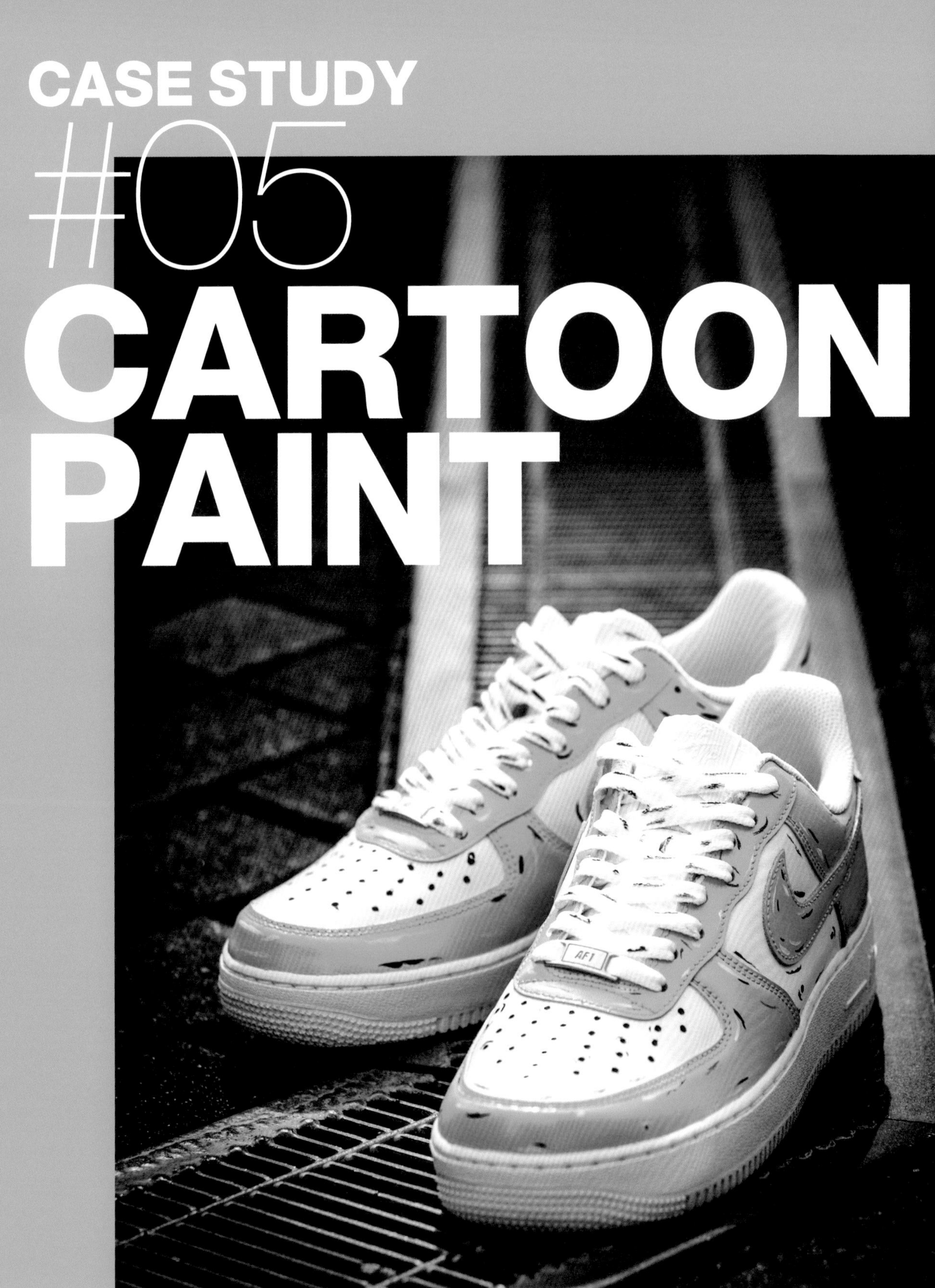

CASE STUDY
#05
CARTOON PAINT CUSTOM/カートゥンペイントカスタム

CASE STUDY #05

CARTOON PAINT CUSTOM/カートゥンペイントカスタム »
NIKE AIR FORCE 1 LOW

コミックやイラストから飛び出したような遊び心あふれるアーティスティックなカスタム

漫画やイラストで描かれるスニーカーは、リアルには無い独特な存在感が魅力的だ。その存在感を現実のスニーカーで再現するのが"カートゥンペイント"である。国内のカスタムスニーカーとしては比較的マイナージャンルではあるものの、その存在感はスニーカー系イベントでも際立っている。ここからはスニーカーに関するあらゆる情報を発信する人気YouTuber、朝岡周さんを取材して、定番モデルのAIR FORCE 1にカートゥンペイントを施す工程を紹介していく。

取材協力：YouTube Channel『朝岡周 & The Jack Band』

主な取得スキル

■塗装面の下処理 P.042
■カートゥンペイントの進め方 P.045
■ブラックの塗料でシャドウを描く......................P.047
■シューレースのペイントとトップコート...............P.050

ミッドソールのマスキングテープ処理

ソールを一周するようにマスキングテープを貼っていく

今回のカスタムベースにセレクトしたのは、オールホワイトのNIKE AIR FORCE 1 LOW。ホワイトのレザーパーツは塗装した際の発色が良く、恐らく世界で最もカスタムのベースに選ばれているプロダクトだろう。ただ、カスタム前のノーマル状態でも人気が高く、比較的入手困難なのが玉に瑕だ。今回はアイレット（シューレースホール）の周囲もペイントするので、予めシューレースは外しておこう。

01 オリジナルが1982年に発売されたAIR FORCE 1。オールホワイトにコーディネイトされたローカットモデルはスニーカーの大定番であり、カスタムペイントスニーカーのベースとしての人気も急上昇している。ここからは誰もが知る定番スニーカーにカートゥンペイントを施して、センスが溢れるカスタムスニーカーを製作する。

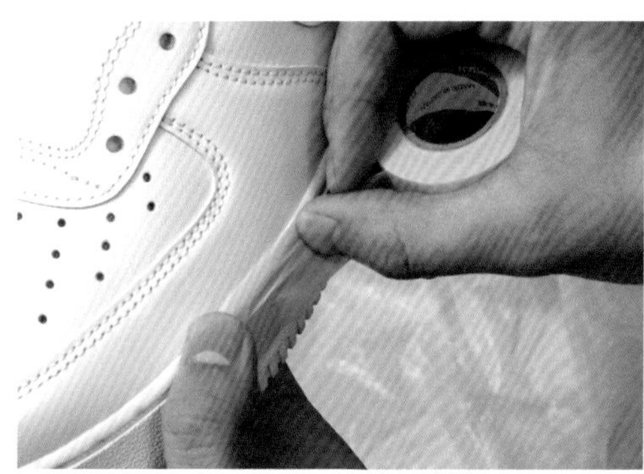

02 今回はアッパーのみにカートゥンペイントを施すため、ミッドソールにマスキングテープを貼っていく。ここではソールのみマスキングテープ処理しているが、スニーカーのペイントに不慣れな場合は、シュータンにもビニール袋を被せマスキングテープで固定して、塗料が付着しないように下準備しておくと安心だ。

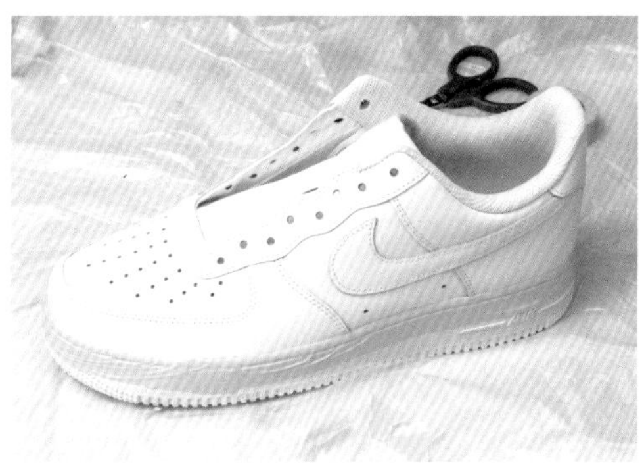

03 ミッドソールにマスキングテープを貼り終えた状態。アッパーとソールの境目に沿うように、ぐるりとマスキングテープ処理を施そう。今回は筆塗り塗装のため、最低限のマスキングテープ処理を行っているが、エアブラシやスプレーを使って塗装する際は塗料が飛び散りやすいので、ソールユニットにマスキングを施そう。

04 マスキングテープ処理を終えたら、塗装面の下地を作っていく。市販されているスニーカーの表面には、油分が付着している場合が少なくなく、そのまま塗装すると塗料のノリが悪くなってしまう。そうしたトラブルを避けるため、市販の"ラッカーうすめ液"やアセトン等を使って、表面の油分を拭き取っておくのが肝心だ。

塗装面の下処理

薄皮を剥がす感覚で塗装面をクリーニングする

塗装面の下処理は素材によって工程が異なるので注意が必要だ。今回のようにスムースレザー（表革）の場合はラッカーやアセトンが使えるが、パテントレザーのように溶剤に弱い場合は中性洗剤を使って表面をクリーニングする程度に留める方が安心。またスエードやヌバックなどの液体が染み込んでしまう素材の場合も、シューズ用のブラシで表面をクリーニングする程度の下処理が限界だ。

05 ラッカーうすめ液を使用して、アッパーの塗装する面を拭き上げるように下処理を施していく。スニーカーによっては表面に油分が付着しているだけでなく、コーティングが施されているケースも存在する。そうした成分も塗料のノリを著しく悪くしてしまうので、薄皮を剥くような感覚で、しっかりと表面を拭き上げよう。

06 ここではラッカーを100均ショップで購入可能な脱脂綿に含ませて作業を進めている。この際、同じく100均ショップで手に入るメラミンスポンジを使うと、脱脂綿の繊維がスニーカーの表面に残るリスクを回避できるだろう。ただ、スポンジを使うと力が入り過ぎる場合もあるため、自分に合った方法を選択したい。

07 ラッカーうすめ液を使用して、アッパーの全体を拭き上げた状態。画像では伝わりにくいが、実際の表面を確認すると光沢が微妙に無くなっている気がする。ラッカーやアセトンは直ぐに揮発する特性を有しているものの、もう片足の下処理を行いつつ、表面をしっかりと乾燥させる位の余裕は必要だ。

08 今回のポイントカラーにはAngelus Paintの“GIFT BOX BLUE（ギフトボックスブルー）”を使用する。ハイブランドのギフトボックスを連想させる鮮やかなカラーで、ベースカラーのホワイトとの相性も抜群。スニーカーのペイントに取り入れるカスタマイズビルダーも多い、Angelus Paintの定番色だ。

>>

トウガードと ヒールパーツのペイント

カスタマイズビルダーのセンスが問われるファーストステップ

塗装面の下処理が完成したら、全体の印象を決めるポイントカラーを塗っていく。スニーカーのカスタムペイントでは漠然とパーツを塗るのではなく、完成時のイメージを持ちながら、塗装する部分とベースカラーを残すパーツのバランスを調整する必要が生じてくる。理想的なカスタムスニーカーに仕上げるため、塗装するパーツを選択する工程はカスタマイズビルダーのセンスが問われるステップだ。

09 ギフトボックスブルーに塗装する部分には、主にトウガードとアイレット、ヒールパーツ、そしてスウッシュをセレクト。言わずと知れたAIR FORCE 1を代表するカラーパネルであり、あえて奇をてらうのではなく、"AIR FORCE 1らしさ" にカスタムスニーカーならではの個性をプラスするアプローチで攻めていく。

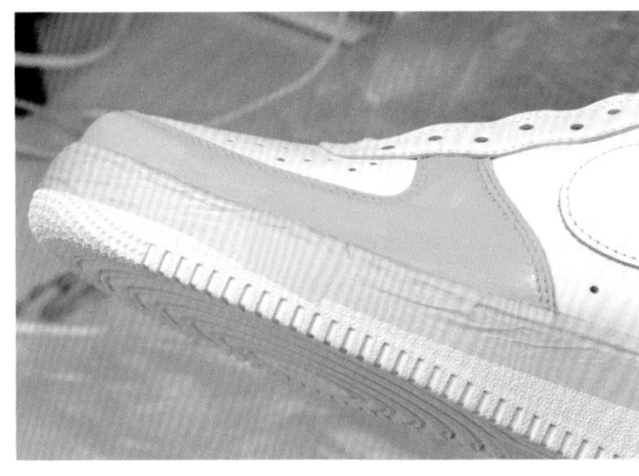

10 トウガードをギフトボックスブルーに塗装した状態。使用するカラーにも左右されるものの、Angelus Paintは隠蔽力（ベースカラーを隠す力）に優れ、筆ムラが出にくい塗料と評価されている。発色が良くなるホワイト地に塗っている事を差し引いても、1度の塗装でこの仕上がりになるのはありがたい。

11 続いてアイレットやヒールパーツを塗装する。マスキングテープを施さずにここまで塗り分けるには、パーツの段差を活かし、内側からパーツの断面方向へと筆を運ぶとやりやすい。もっとも、このスキルを取得するには経験が必要で、慣れないうちは塗装しない部分にマスキングテープを貼っておこう。

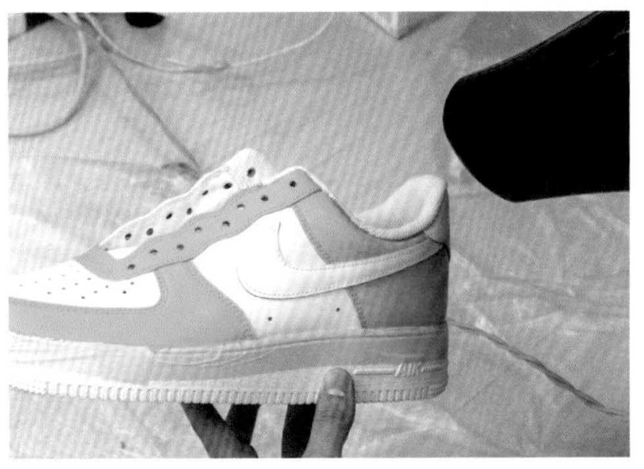

12 各パーツを塗装したら、その都度ヒートガンやドライヤーで塗装面を乾燥させる。その理由は乾燥に時間を掛けるだけ、塗装面にホコリが付着しやすくなるからだ。付着したホコリに気付かず乾燥させると、取り除いた時に跡が残ってしまう。小まめな乾燥は無用な手間を省く作業に他ならない。

>>

CUSTOMIZE SKILL 4

スウッシュのペイントと二度塗り

塗装したパーツを二度塗りして表面に残る筆ムラを消していく

補強パーツに続きスウッシュのペイントを進めていく。ここまでの工程で多少の筆ムラ（筆で塗った筋状の跡）が生じたとしても、そこは気にせず作業を進めよう。D.I.Yに興味を持つ読者には今さら説明の必要は無いだろうが、1度で厚塗りするよりも、一旦乾燥させてから薄く重ね塗りしたほうが塗料の垂れが防げるだけでなく、塗装面が綺麗に仕上がってくれる。スニカーに限らず、塗装作業の基本中の基本だ。

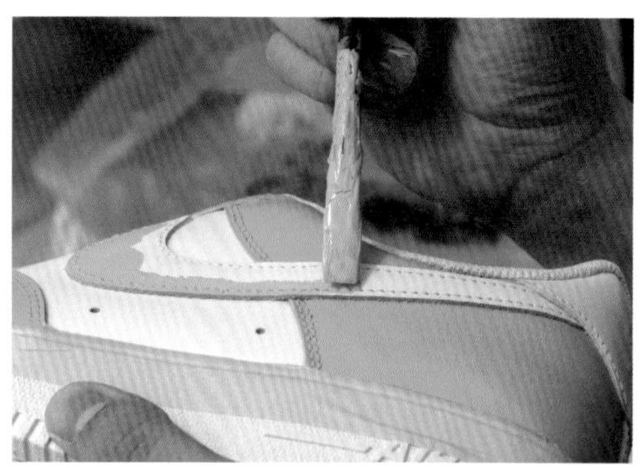

13 塗料のはみ出しに注意しながら、スウッシュをギフトボックスブルーに塗装する。この際、100均ショップで購入した筆で塗装しても問題無いが、安い筆の中には塗装中に筆先が割れるように広がって、塗料がはみ出しやすくなる商品も少なくないので注意が必要。筆は良し悪しの差が出やすい道具なのだ。

14 スウッシュの塗装が完了したら、再びヒートガンやドライヤーを使って塗装面を乾燥させる。思い通りに塗装する作業と比べると些か地味なルーティンだが、上級者ほど小まめに乾燥作業を繰り返すのも事実であり、塗装面を乾燥させる工程が仕上がりに大きな影響を及ぼす事実を容易に想像できるハズだ。

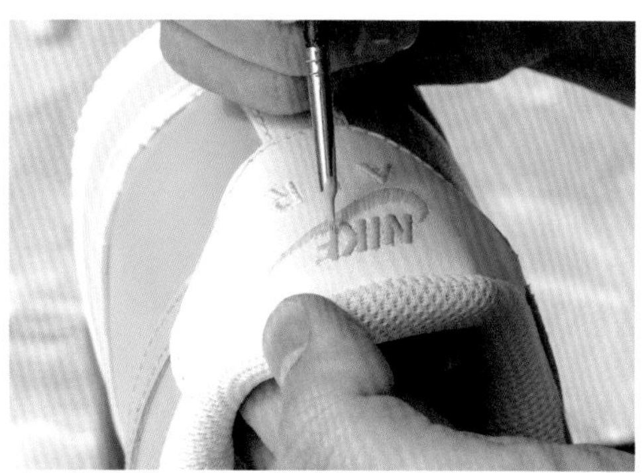

15 スウッシュに続いて、ヒールに刺しゅうされているロゴもギフトボックスブルーにペイントする。細い筆を駆使する繊細な作業だが、刺しゅうに塗料を染み込ませる感覚で、塗ると言うよりも塗料を乗せるように作業すると意外と綺麗に仕上がってくれる。万が一はみ出した部分は綿棒で乾燥前に拭き取ろう。

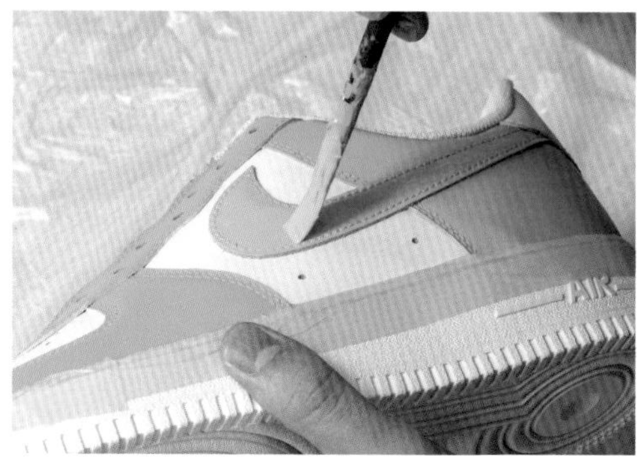

16 塗装を終えたロゴの乾燥が確認できたら、塗装した各パーツに二度塗りを施して、表面に残る筆ムラを消していく。ここで使用する塗料は控えめに、はみ出しに注意しつつ、塗料の層が薄くなるよう手早く作業を進めたい。筆ムラと垂直に交わる方向に筆を動かすと、より美しく仕上がるだろう。

>>

カートゥンペイントの進め方

フルカラーコミックを参考にホワイトでハイライトを描いていく

ポイントカラーの塗装が完了したら、いよいよカートゥンペイントを施していく。今回の作例ではモノトーン系のカートゥンペイントではなく、フルカラーのコミックを意識したカートゥンペイントである。カスタムの方向性としては、光の反射やキャラクターの動きで生じる“ブレ感”をアイコン化して、AIR FORCE 1のデザインに反映する事とした。失敗を恐れず、大胆にペイントを施す作業が成功へと導くだろう。

17 ポイントカラーの塗装が完了したAIR FORCE 1。ギフトボックスブルーの塗料を使用するのはここまでなので、使用した筆の洗浄と、塗料の蓋をしっかりと閉じて保管するのを忘れずに。このままでも十分にカッコいいカスタムスニーカーではあるが、当初の予定通りにカートゥンペイントに進んでもらおう。

18 カートゥンペイントのキモとなる“コミック的ディテール”表現には、ホワイトやブラックなど、モノトーン系の塗料を使用する。ここでもAngelus Paintのホワイトとブラックを用いて作業を進めていく。先に施したAngelus Paintが乾燥していれば、異なるカラーの塗料を塗り重ねても色が混じる心配はない。

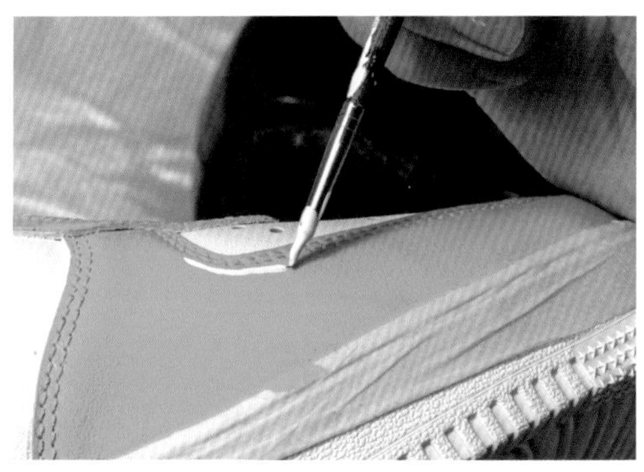

19 ギフトボックスブルーに塗装したパーツのステッチに沿うように、ホワイトのAngelus Paintでラインを描いていく。フルカラーのコミックでは、ディテールを強調する目的でパーツに光が反射しているイメージでハイライトを描くケースが少なくない。その表現手法を参考にすると、カートゥンペイントに相応しいラインが描けるだろう。

20 エッジを強調するように、各パーツにホワイトのラインを追加する。ラインの端では筆を素早く動かして、スピード感を演出しているのが分かるだろうか。ここで多少やり過ぎでも、ギフトボックスブルーを再塗装するだけで簡単にリカバリーが可能なので、失敗を恐れずに、大胆にペイントを施していこう。

アッパーにハイライトを追加する

光の反射をイメージしてホワイトのラインを描き加えよう

カートゥンペイントで使用するハイライトカラーには、ホワイトとブラックを使用するケースが多くなるだろう。ここで注意したいのがホワイトとブラックの特性の違いだ。今回のように明るいベースにハイライトを描く際にはホワイトは比較的目立たないが、ネイビー等のダークトーンがベースの場合にはホワイトが非常に目立ってくる。ホワイトとブラックのバランス調整が、腕の見せ所になるだろう。

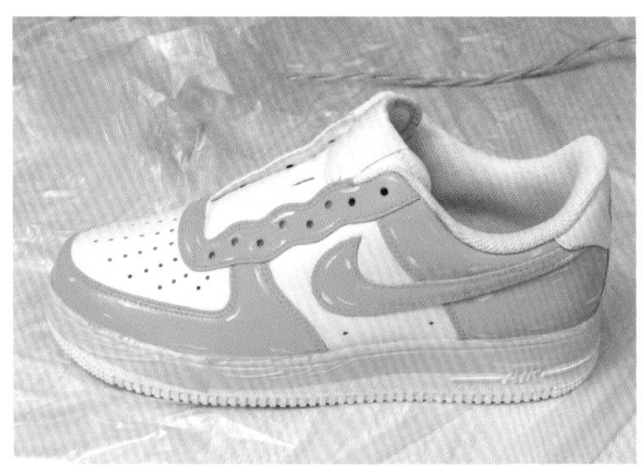

21 アッパーのアウトサイドにホワイトで描いたハイライトを確認する。トウガードやスウッシュをはじめ、各パーツにまんべんなくハイライトを描いているが、全体的に明るいトーンでまとめられている感があり、この状態ではカートゥンペイントらしさがそれほど主張されていないのが分かるだろう。

22 ホワイトのハイライトをインサイド側から確認した状態。履き口やシューレースホールの周りにもハイライトが描かれている。ハイライトを描く部分のイメージが掴みにくい場合は、明るい照明の光を当てながらスマートフォンでスニーカーを撮影して、光が反射している箇所にハイライトを配置するのもひとつのやり方だ。

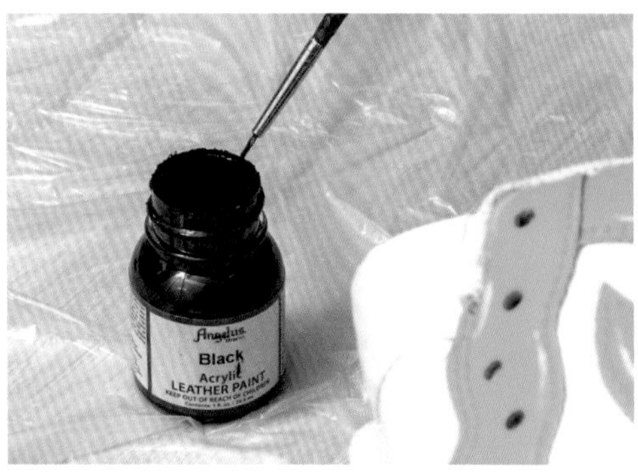

23 ホワイトで描いたハイライトのバランスを確認し終えたら、ブラックの塗料でシャドウを描いていく。ここではAngelus Paintのブラックを使用している。使用する塗料のタイプによって乾燥時の光沢が異なるが、トップコートを塗布する工程で表面光沢が調整できるので、この段階で気にする必要は無い。

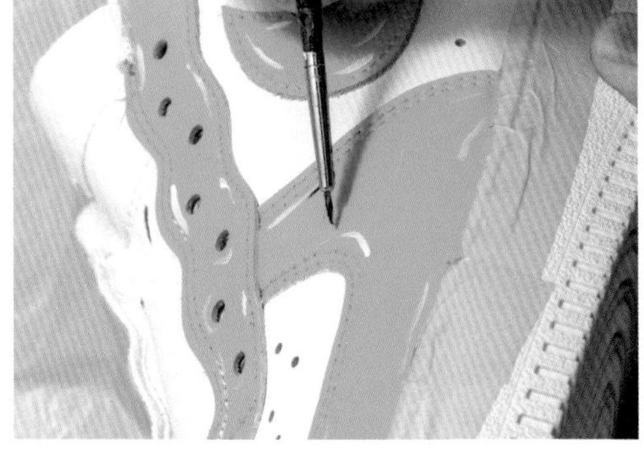

24 細めの筆を使ってアッパーにシャドウを描いていく。今回の作成でセレクトした配色ではブラックが非常に目立ち、仕上がりの印象に大きく影響する。塗装後にリカバリーする事自体はそれ程難しくないものの、ホワイトでハイライトを描いた工程よりも、より慎重に塗装を進める事をお勧めする。

>>

CUSTOMIZE SKILL

ブラックの塗料でシャドウを描く

この段階ではやや物足りない位のペイントが丁度良い

ホワイトで描いたハイライトに続いて、ブラックでシャドウを加えていく。便宜上"シャドウ"と表記しているが、影を表現するラインを描き加えるだけでなく、アクション系のコミックに見られるような荒れた線でディテールを演出するといったテクニックも求められる。但しブラックで描くラインは非常に目立つため、やり過ぎるとカートゥンペイントではなく、単純な"汚いスニーカー"に見えてしまうので注意が必要だ。

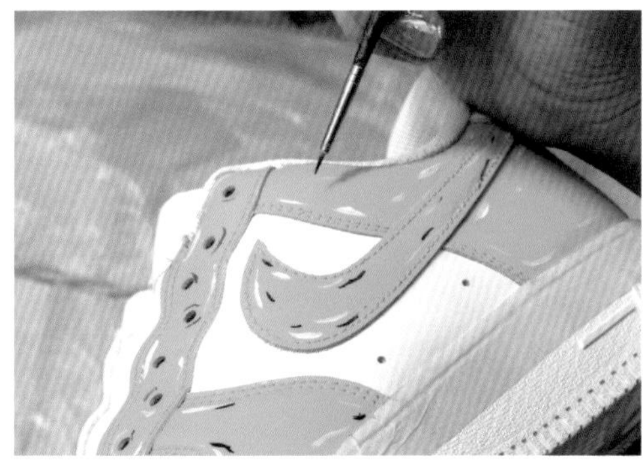

25 白黒のモノトーンで構成するカートゥンペイントは、白地のスニーカーのパーツをブラックで縁取るようにラインを描くが、彩色したスニーカーをベースにする場合では、全てのパーツをブラックで縁取るとアクが強くなりすぎてしまう。先ずはパーツの影になる部分をイメージしてラインを描いていこう。

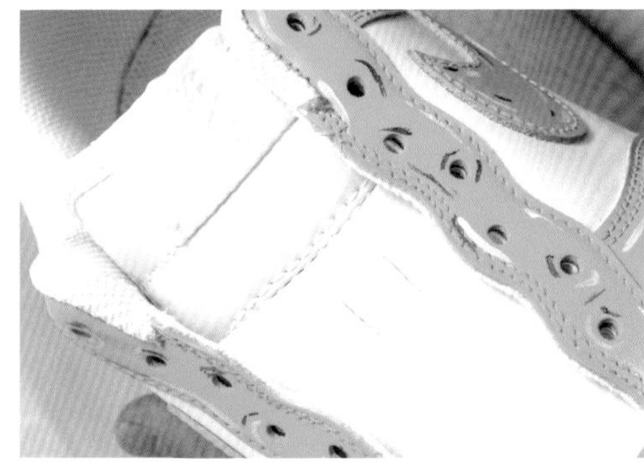

26 アイレットのシューレースホールの周りにも、ブラックを使ってディテールを強調する。シューレースホールを実線で囲むと目立ち過ぎてしまうが、コミックの下書きを描くイメージを持ち、ラフなラインでディテールを囲むようにすると雰囲気が出るので試してみよう。場所によってラインに変化を付ける演出も効果的だ。

27 シャドウを描いた後は、お約束の乾燥工程も忘れずに。慣れないうちは1度でシャドウを描ききるのではなく、左右に少しずつペイントを施し、バランスを調整しながら作業を進める方が安全だ。作業に行き詰った時には、お気に入りの漫画やイラストを見てインスピレーションを得るのも悪く無い。

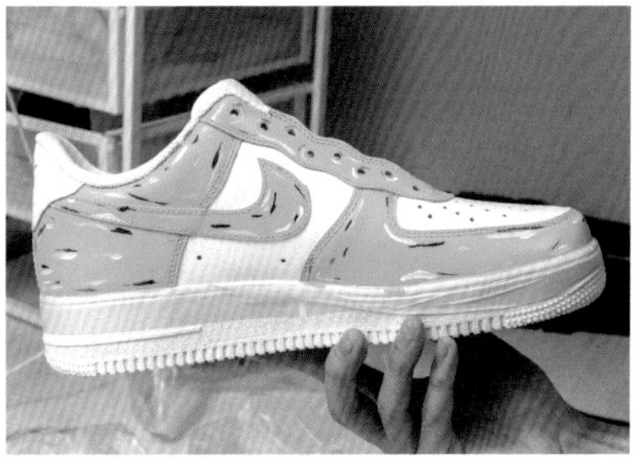

28 ギフトボックスブルーに塗装したパーツに、ディテールを強調するイメージでホワイトとブラックのラインを加えた状態。この段階ではカートゥンペイントとしては大人しい印象を受けるかもしれないが、この後にホワイトの部分にもシャドウを描く工程が控えているので、少し物足りない位が正解なのだ。

>>

ベンチレーションホールを強調する

パーツの断面をペイントするという発想

カートゥンペイントを施す際に効果的なテクニックのひとつが、ベンチレーションホールの強調だ。スニーカーを着用した際の通気性を目的に空けられるベンチレーションホールは、実際のスニーカーでは“穴”であるのに対し、コミックやイラストに描かれたスニーカーでは“黒い点”で表現されるのが一般的だ。つまりベンチレーションホールが黒く見えるように加工すると、カートゥンペイント感が一気に増すのである。

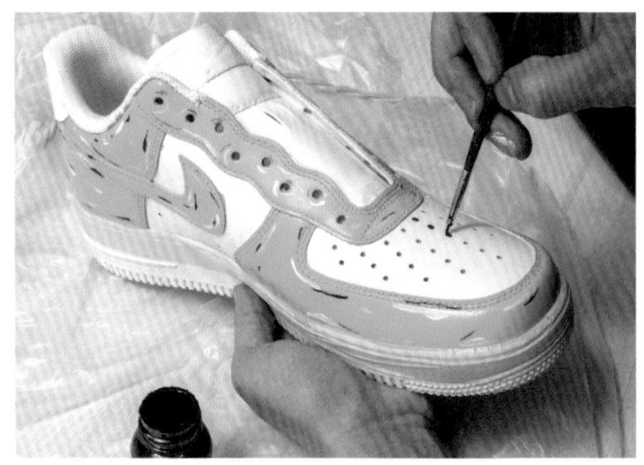

29 ベンチレーションホールを“黒い点”に見せる効果的なペイント手法が、パーツの断面を黒く塗るテクニックだ。AIR FORCE 1の場合、ベンチレーションホール部分の断面は数ミリに達している。その断面を黒く塗るだけで、意外なほど“黒い点”らしさを強調するルックスに仕上がってくれるのだ。

30 片足のベンチレーションホールの断面を黒くペイントした状態。穴の大きさには手を加えていないにも関わらず、ベンチレーションホールのディテールが強調され、漫画らしさを醸し出しているのが伝わるだろうか。但しシューレースホールの断面を黒く塗るのは、摩擦による色落ちが心配なのでお勧めできない。

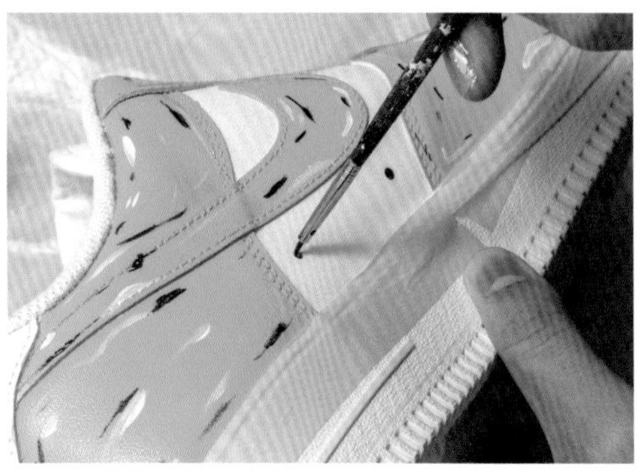

31 同じ要領でサイドパネルに空いたベンチレーションホールの断面も、ブラックの塗料で塗っていこう。言うまでも無く、パーツの断面を黒く塗る手法はベースがダークカラーの場合には意味が無くなってしまう。その場合にはホワイトやシルバーで断面を塗るなど、全体のバランスを確認しながらアレンジしてみよう。

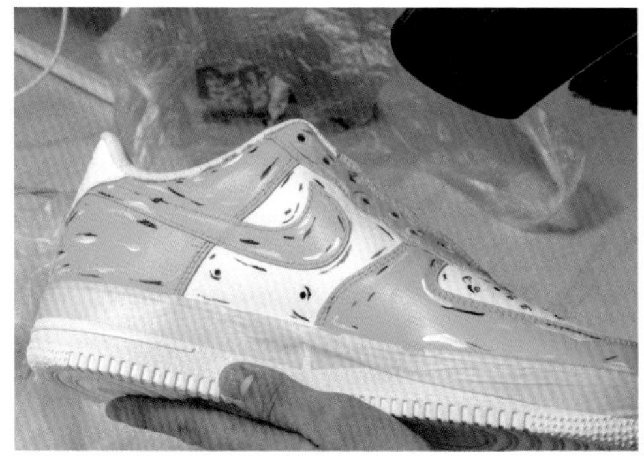

32 パーツの断面を黒く塗装した後には、ベンチレーションホールやスウッシュのディテールを強調するように、ブラックのラインを描いていく。特にベンチレーションホールを囲うように描くラインはカートゥンペイント感らしいディテールに仕上がるので、つま先部分の仕上げにも取り入れると良いだろう。

>>

カートゥンペイントのバランス調整

時には描き加えた部分をベースカラーで隠す調整も必要だ

スニーカーをコミック作品に登場するようなルックスに仕立てるカートゥンペイントも最終工程。ここでは細部のディテールアップと、最終的なバランス調整を行っていく。パーツをしっかりと塗り分け、完成時のイメージを想像しやすい一般的なカスタムペイントとは異なり、カートゥンペイントでは"やってみないと分からない"のが正直なところ。最終的なバランスの調整は、完成度が大きく左右される大切な工程なのだ。

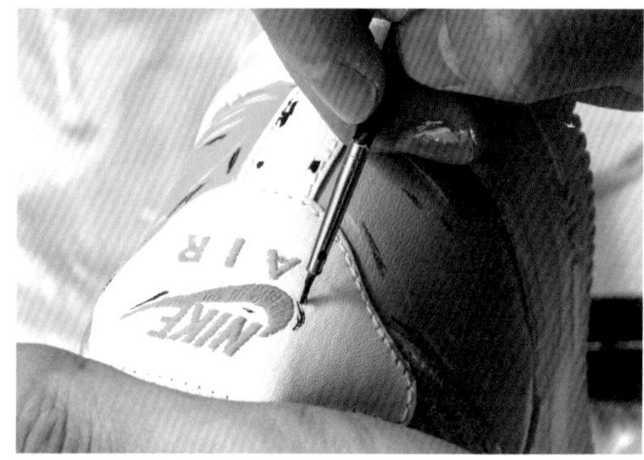

33 ヒールパーツのロゴを引き立てるように、ディテールに沿ってシャドウを描いていく。この際、ロゴの縁にブラックを描くのではなく、ギフトボックスブルーとブラックの間にホワイトが見えるように間隔を空けるようにしよう。ホワイトの部分がアクセントとなり、ブルーとブラックの双方を引き立ててくれるのだ。

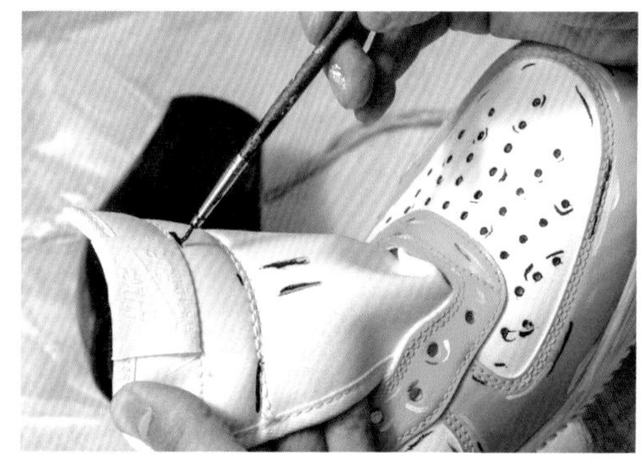

34 今回のベースに使用したAIR FORCE 1はシュータンもレザー仕様なので、ここにもシャドウを加えていく。ちなみにシュータンの素材がメッシュの場合は、Angelus Paintを直接塗るのではなく、"Angelus 2-Soft"と呼ばれる別売りの添加剤を加えないと塗装面がひび割れしやすくなるので注意が必要だ。

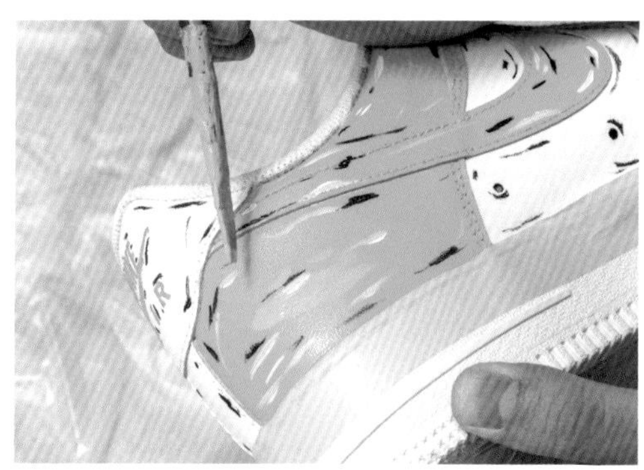

35 ヒールやシュータンにシャドウを描いた後に、全体のバランスを改めて確認する。この時点で悪い意味で目立っている箇所を発見したら、Angelus Paintを塗り重ねてリカバリーする。ここではヒールパーツのギフトボックスブルーをより目立たせるため、一部のシャドウを塗りつぶすリカバリーを行っている。

36 全体のバランスを整えたら、アッパーにシューレースを通していく。シュータンに施したシャドウが目立たなくなるものの、見えない部分も手を抜かずにペイントを施すのは、完成度を高めるためには当然のこと。ここで異なるカラーのシューレースを通しても良いが、今回はバランス重視でホワイトをセレクトした。

シューレースのペイントとトップコート

トップコートで全体のツヤを整えよう

カートゥンペイントの仕上げにシューレースにもシャドウを入れ、アッパー全体にトップコートを施していく。ここまでの工程でペイントしたパーツと無塗装の部分で表面の光沢に違いが出ているが、トップコートを施す事で塗料が落ちにくくなるだけでなく、全体のツヤも整えられる。トップコート処理でカラーリングの印象が異なる訳ではないものの、数多くのメリットが享受できる絶対に省略してはならない工程なのだ。

37 シューレースのディテールも強調するように、アッパーに通した状態でシャドウを描いていく。実際に履いて楽しむ際には、改めてシューレースを結んだ部分にシャドウを入れてやると用だろう。手間の掛からない"ひと手間" アレンジだが見た目の効果は絶大で、足元で個性を主張してくれるだろう。

38 ミッドソール部分のマスキングテープを外していく。個性的に仕立てられたアッパーと、シンプルなソールユニットが描くコントラストが美しい。よりカジュアルなルックスに仕立てるのであれば、ソールの" AIR "ロゴをギフトボックスブルーに塗装して、その周囲にシャドウを入れるのも良さそうだ。

39 カスタムペイントの仕上げには必ずトップコートを塗布しよう。ここで使用するのはAngelus Paintの"アクリルフィニッシャー" で、乾燥後に艶消しに仕上がる "Matte" と呼ばれるトップコート剤だ。艶消しと言ってもヌバックのような質感ではなく、レザー特有の自然な光沢に仕上がる優れものだ。

40 筆を使ってアッパー全体にアクリルフィニッシャーを塗布していく。この際に塗装したパーツだけでなく、無塗装の部分も塗ることで、シューズ全体の光沢を整える事ができる。Angelus Paintのアクリルフィニッシャーには光沢が異なるタイプがラインナップされているので、好みに合わせて使い分けよう。

>>

カートゥンペイントカスタムスニーカーの完成

海外の空気を醸し出すアーティスティックなカスタムスニーカー

国内で楽しまれているカスタムスニーカーは、誰もが憧れるアイコンモデルや入手困難なプレミアモデルに寄せていくケースが少なくない。ただ、世界的には既存のデザインをトレースするよりも、カスタマイズビルダーの個性を演出したアーティスティックなカスタムが主流となっている。そうした背景を踏まえると、日本の漫画文化をデザインに取り入れたようなカートゥンペイントは世界に通じるスニーカーカスタムと評して過言ではないはずだ。

今回取材に協力頂いた朝岡周さん主宰のYouTube Channel『朝岡周& The Jack Band』では、スニーカーに関する情報に加え、スニーカーの錆び加工のようなカスタム事例も紹介中。日々のスニーカーライフを楽しくする動画に興味がある人は、チャンネル登録をお忘れなく！

CUSTOMIZE BUILDER INFORMATION

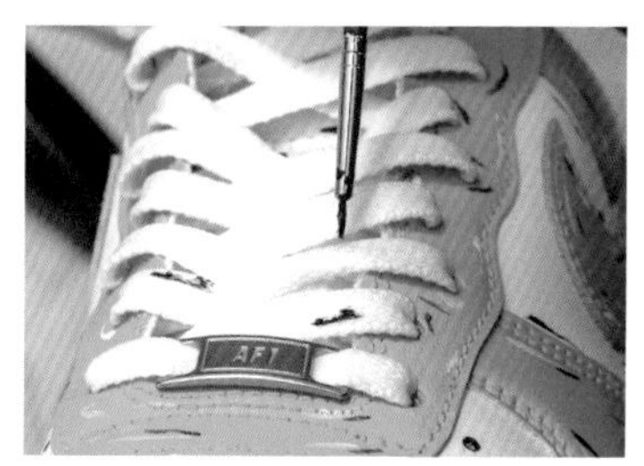

YouTuber：朝岡周さん

YouTube Channel
『朝岡周& The Jack Band』

https://www.youtube.com/channel/UCu3VsuMU3qA9fAumWtpUqsw/

コミックから飛び出したような
サブカル感がたまらない

CARTOON PAINT CUSTOM
NIKE AIR FORCE 1 LOW

CASE STUDY #05 STREET ART PAINTING

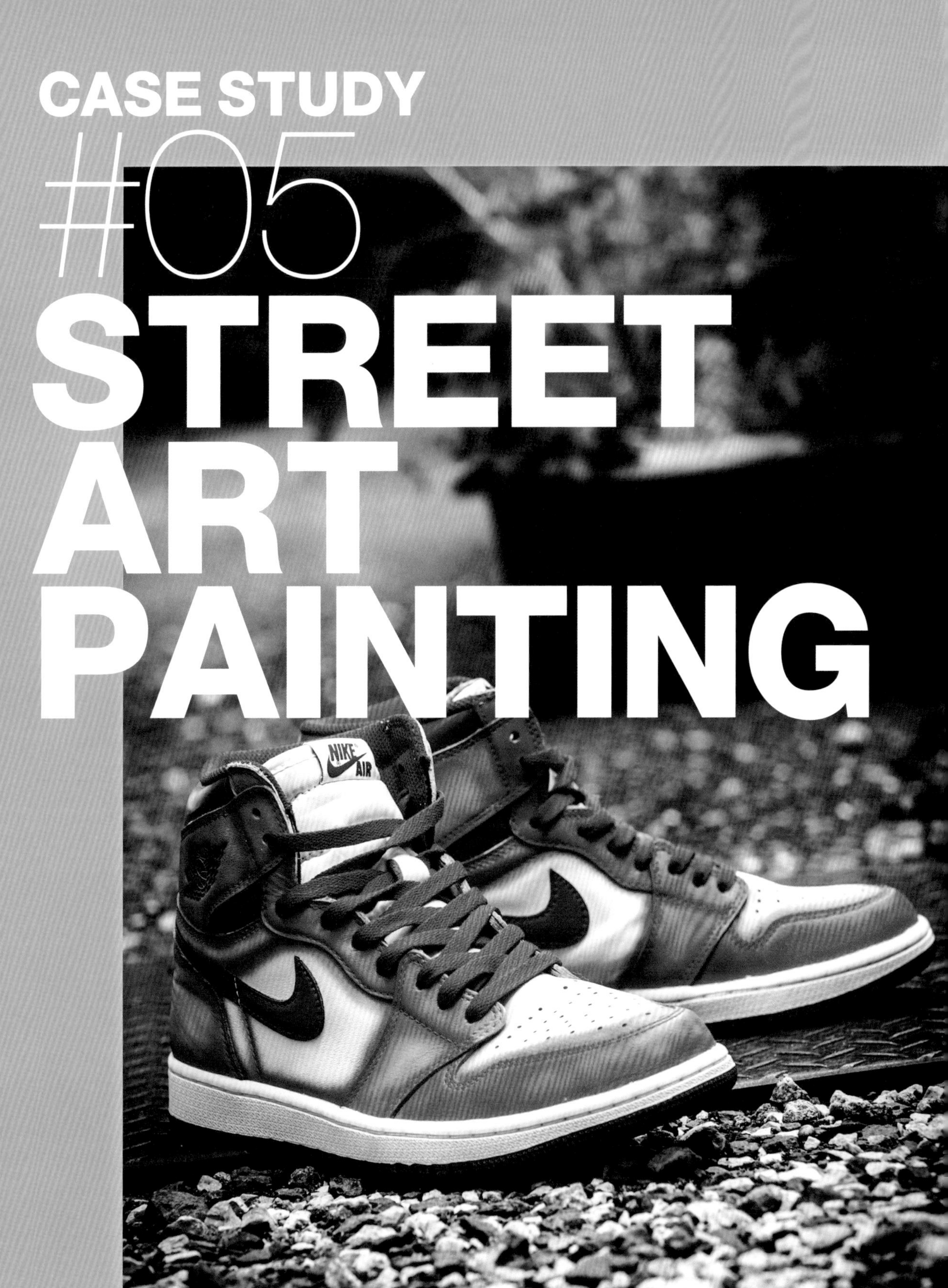

CASE STUDY

#06

STREET ART PAINTING/ ストリートアート風ペインティング

CASE STUDY #06

STREET ART PAINTING/ストリートアート風ペインティング »
NIKE AIR JORDAN 1 RETRO HIGH OG "RED METALLIC"

スニーカー用塗料をエアブラシで吹いて グラデーションを楽しむカスタムスニーカーを製作する

スニーカーのカスタムペイントにおいては、塗料を筆塗りするのが一般的だ。
そこには筆塗りは手軽に楽しめる塗装手法である事と、
スニーカー用の塗料を使うと筆塗りでも美しく仕上がりやすいという背景が影響している。
ただ、D.I.Yの世界では筆塗りだけでなく、エアブラシを使った塗装も普及している。
ここからは模型の塗装ブースを完備するレンタルスペースを取材して、
エラブラシによるグラデーション塗装を活かしたストリートアート風カスタムペインティングを紹介する。

取材協力：モノ作りワーキングスペース クリエイターズワン

主な取得スキル

■スニーカーのマスキング処理 P.055
■スニーカー用塗料の特性を把握 P.058
■エアブラシの準備 P.059
■エアブラシを使ったカスタムペインティング P.060

スニーカーのマスキング処理

丁寧なマスキングテープ処理が仕上がり時の見た目を大きく左右する

ベースとしてセレクトしたのはNIKE AIR JORDAN 1 RETRO HIGH OGの"メタリックレッド"。ホワイトの面積が多く塗装時の発色も良い事から、カスタムスニーカーのベースとしての人気も急上昇中と言われる1足だ。ホワイトカラーをベースにレッドのポイントカラーを組み合わせたオールドスクール感あふれる名作スニーカーを、エアブラシを使ってストリート感あふれるカスタマイズスニーカーに仕立てていこう。

01 伝統のカラーを再現したAIR JORDAN 1だけに、生粋のスニーカーファンからは"罰当たりな!"と怒られるかもしれないが、実は近年のブーム以前にアウトレットで購入したもので、アフターマーケットの取引相場の1/3以下で手に入れていた1足だ。なので"勿体ない"とは考えず、見た目重視のペイントを施していく。

02 ここで紹介するペイントはアッパーのみに施すイメージなので、先ずはソールユニットの側面全体にマスキングテープを貼っていこう。AIR JORDAN 1をはじめとするオールドスクール系バッシュの多くは、ソール結合部分の多くが直線で構成されているので、太めのマスキングテープでミッドソールを一気に処理していく。

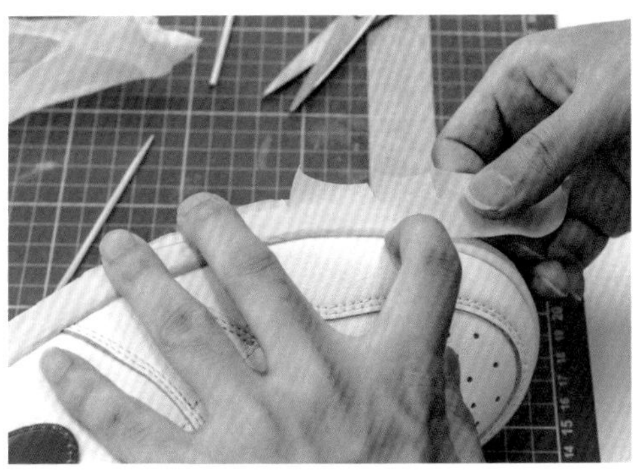

03 つま先部分のような微妙にカーブを描く箇所は、マスキングテープに切り込みを入れ、曲線に追従しやすくするのもテクニック。ホビーショップには曲線に対応したビニールテープのような素材のマスキングテープも発売されているが、テープの幅が狭く、大きな面にマスキング処理するには向いていない。

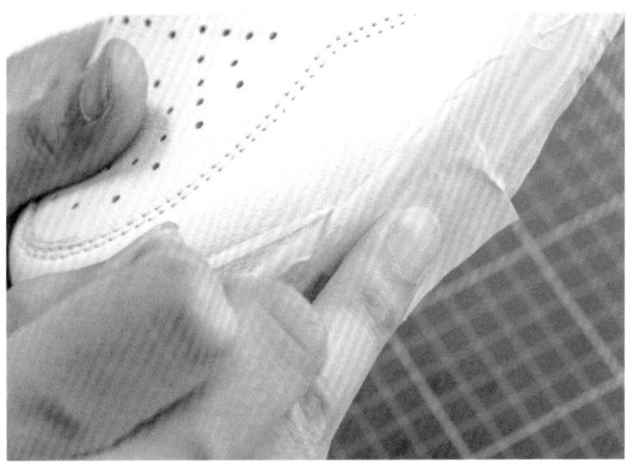

04 ペイントを施すアッパー側にはみ出したマスキングテープは、僅かな箇所であれば爪楊枝の先で整えても問題ない。スニーカーのカスタムで使用するマスキングテープは100均ショップでも購入できるものの、接着力が劣る商品が混在しているという評判もあるため、可能ならばホームセンター等で手に入れたい。

スニーカーのマスキング

マスキングテープとビニール袋を使って作業効率をアップする

ペイントするスニーカーにマスキング処理を施す際には、市販のマスキングテープだけを使用する事が正解ではない。パーツによって形状や素材、大きさが異なるスニーカーだけに、身近な素材を活用して工夫を凝らすのも作業効率を高める意味では重要で、自身が使いやすい事こそが正解だ。ここでは一般的なマスキングテープと100均ショップで購入したビニール袋を使い分けながら、シューズ全体にマスキング処理を施していく。

05 シューズの底面にはカッター等で解体した100均ショップのビニール袋を貼り付けていく。ビニール袋の端にマスキングテープを貼り、ソールの境界線に貼ったマスキングテープに重ね貼りする要領で作業を進めていく。慣れれば底面にマスキングテープを貼り重ねるよりも簡単で、隙間なくカバーできるのもポイントだ。

06 柔らかい素材を使用するシュータンのマスキング処理はビニール袋をスッポリと被せるようにして、シュータンとアッパーの結合部分をマスキングテープで固定する。この作業を全てマスキングテープでカバーしようとして心が折れた経験は、スニーカーのカスタマイズビルダーなら1度は経験している"あるある"だ。

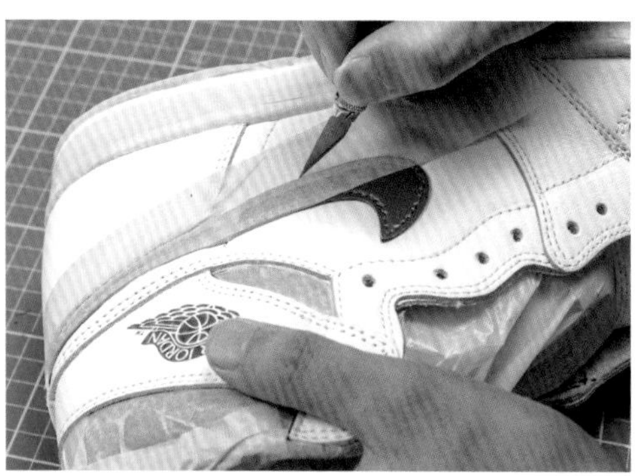

07 スウッシュや履き口の部分は、マスキングテープを貼った後にパーツに合わせてデザインナイフで切り抜いていく。刃の切れ味が悪いと必要以上に力を入れてしまうだけでなく、失敗しやすいので注意が必要だ。今回は赤い塗料をエアブラシで吹き付ける予定なので、デザインが複雑なウイングマークにはマスキングを施していない。

08 AIR JORDAN 1にマスキング処理を施した状態。もしもウイングマークのマスキング処理を行う際は、マーク全体をマスキングして後から調整するか、塗って剥がせるタイプのゴム製マスキングをマークの窪みに塗布して対応する。但し完璧なマスキング処理は困難を極めるので、ある程度の妥協が必要かもしれない。

>>

塗装面の下地作り

アセトンとスクラッチシーラーで塗装前の下地を作る

スニーカー用の塗料を使用しても、市販されているスニーカーにそのまま塗装してしまうと着用時に塗料が剥がれるリスクが高い。筆塗り、エアブラシに関わらず、しっかりと下地を作るのはカスタムスニーカーのお約束だ。ここではアセトンと、塗装面の強度を確保するトップコートとしてお馴染みのRaleigh Restoration社“Scrach Resistant Sealer（スクラッチ レジスタント シーラー）”を使って下地を作っていこう。

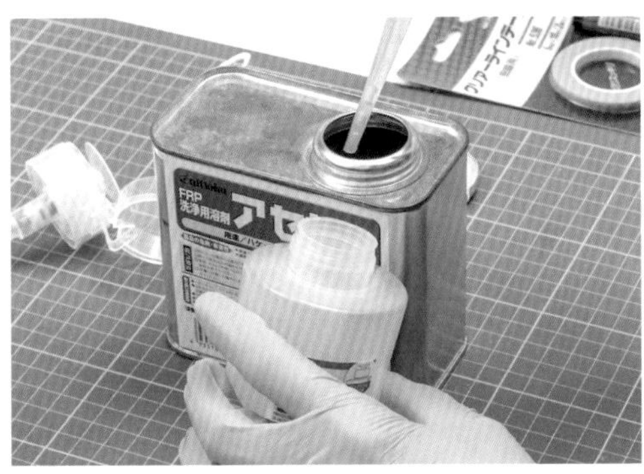

09 塗装面の油分を除去する際に頼りになるアセトンは、スポイトで100均ショップのポンプディスペンサーボトルに移して使用する。但し一般的な100均ショップのボトルで長期間アセトンを保存するのは耐久面で不安があるので、作業が終わったらボトルに残ったアセトンは廃棄するか、元の缶に戻す方が賢明だろう。

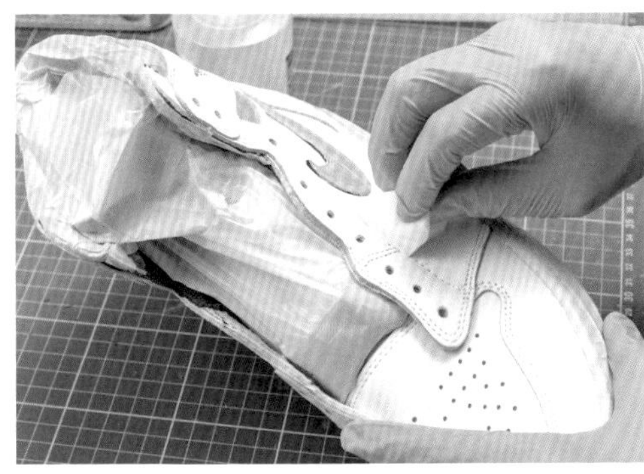

10 アセトンをメラミンスポンジに含ませて、手早く表面の油分を除去していく。但しスウッシュに使われているパテントレザー（エナメル）は、アセトンが付着すると白濁するので注意が必要だ。接着面にデリケートな素材が含まれる際は、アンジェラスのデグレイザーのような生地を傷めない下処理材を使用する。

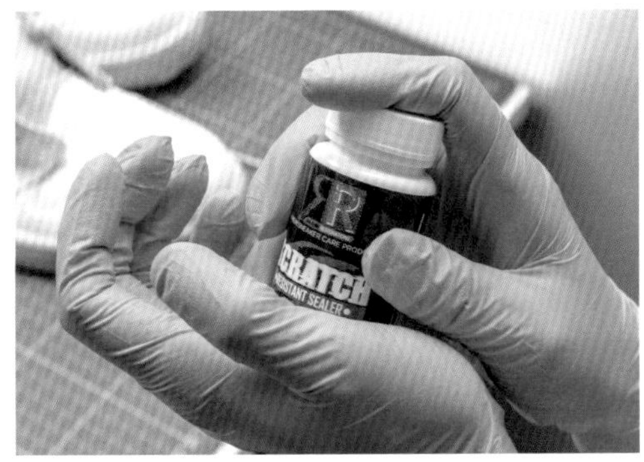

11 今回取材したレンタルスペースのスタッフ氏の提案で、塗装の食いつきを良くするプライマーとしてRaleigh Restoration社の“スクラッチ レジスタント シーラー”を使用する事にした。元々は仕上げ用に準備したトップコート材だが、乾燥後に塗料を塗り重ねる事が可能なので、プライマーにも使用できると判断したようだ。

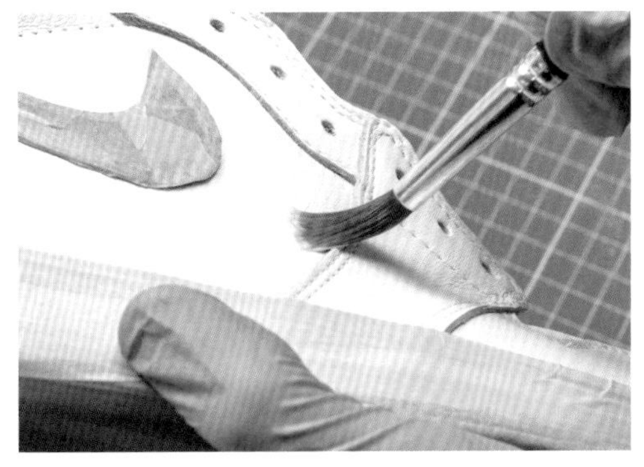

12 塗装面全体に“スクラッチ レジスタント シーラー”を塗布していく。ボトルに入った状態では白く濁った液体だが、塗装した後に乾燥すると無色透明になるのでベースが色地でも問題なく使用できるのが頼もしい。乾燥時には艶消しに仕上がるので、塗り忘れのチェックは表面の光沢を確認すると分かりやすい。

塗料の特性を把握する

エアブラシを使用する際には塗料を薄めるのが基本

塗装面の下処理が整ったら、エアブラシを使った塗装工程に進んでいく。ここで使用する“Angelus Paint”を筆塗りする場合には原液の濃さのまま使用するのが一般的だが、エアブラシでは塗料に適した薄め液を用いて、2倍から3倍に希釈して吹き付けるのが大前提だ。これは“Angelus Paint”に限らず他の塗料でも同様で、エアブラシの塗装に挑戦する際には塗料と薄め液を必ずセットで用意しよう。

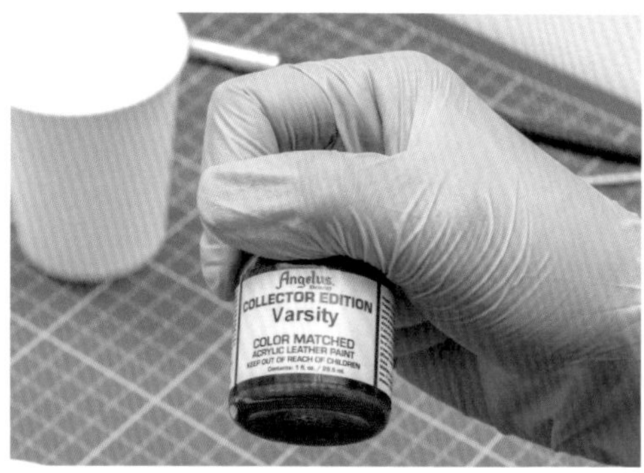

13 ここで紹介する事例では、NIKEのスニーカーに使われる赤をイメージした“Varsity”をエアブラシで吹き付けていく。先ずは蓋を開けずにボトルを振り、中の塗料を攪拌しよう。水性アクリル塗料は空気に触れると硬化が進むため、蓋を開けて筆で攪拌するようなやり方は、塗料の寿命を縮める行為に他ならない。

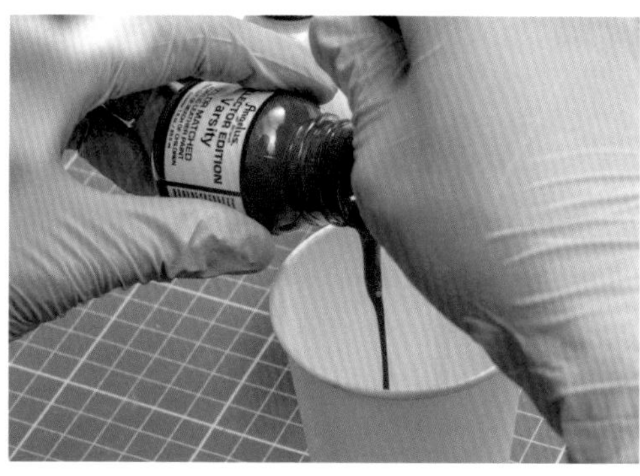

14 塗装に必要な分量を紙コップに移していく。この際に竹串などを使って注ぎ込むと、ボトルの縁が汚れにくい。塗料の扱いに長けたスタッフ氏の細かいテクニックには、参考にすべきアイデアに溢れているのだ。また塗料を移す容器に紙コップを使用するのも理由がある。その理由も後ほど改めて紹介していく。

15 紙コップに移した塗料にAngelus Paintブランドの薄め液“Angelus 2-Thin”を加えて濃度を調整する。水性アクリル塗料の場合は、塗料に対し0.5倍から等倍の薄め液を加えるのが一般的。“Angelus 2-Thin”は長期間の保存で濃くなった塗料を調整する際にも利用可能な、Angelus Paintユーザーの必須アイテムだ。

16 竹串等を使って塗料を攪拌する。今回は単体のAngelus Paintを使用しているが、混色して塗装する際には配分が微妙に異なるだけで発色が変わってしまうので、少し多めに塗料を用意すると安心。調色した塗料がエアブラシに入りきらなかった際は、紙コップにラップをかけて保存するか別の瓶に入れて保存しよう。

>>

エアブラシの準備

塗料とアエブラシには相性がある

塗料の準備が整ったら、いよいよエアブラシ塗装に進んでいく。今回取材した『モノ作りスペース クリエイターズワン』にはレンタルのエアブラシや塗装ブースも完備されているのだが、より手軽に塗装を楽しめるようにと、Amazonにて8000円前後で購入可能なハンドピースとコンプレッサーが一体化されたエアブラシを持ち込んだ。だが、そこにはエアブラシ塗装の初心者では気付きにくい落とし穴が潜んでいたのである。

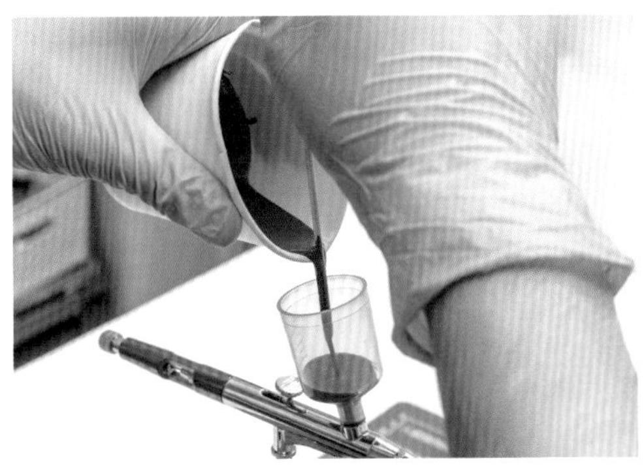

17 編集部が持ち込んだエアブラシの塗料カップに、濃度を調整したAngelus Paintを注いでいく。塗料の濃度調整や調色を行う際に紙コップを使うと、紙コップの縁をつまんで尖らせてエアブラシの小さな塗料カップに注ぎやすくなる。エアブラシの扱いに慣れたスタッフ氏の経験に基づくアイデアだ。

18 塗装面をイメージした白い紙に試し吹きを行ったところ、塗料がダマになる荒れた状態が確認できた。これは塗料の濃度が濃すぎる場合にも発生する現象だが、今回のケースでは塗料の濃度には問題ないように見える。恐らくコンプレッサーの圧力が弱く、Angelus Paintに適切な気圧に達していないのだろう。

19 吹き付け時に塗料が荒れる原因を検証するために、ショップに設置しているエアブラシで比較塗装を行った。ショップのエアブラシは据え置き型のコンプレッサーを使用しているので、充分な圧力を確保できる。そのエアブラシを用いて同じ塗料を吹き付けた際の仕上がりは一目瞭然で、美しいグラデーションを描く事に成功した。

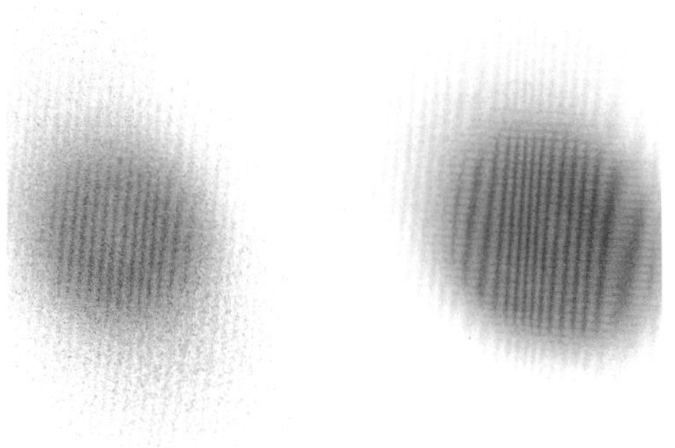

20 画像の左がハンディタイプ、右がショップのエアブラシによる仕上がりだ。Angelus Paintのような水性アクリル塗料は他に比べると重く、比較的高い圧力が要求される。必要な圧力は塗料によって異なるため明確な指標を提示できないが、エアブラシを購入する際には事前に詳しい人に相談するのが賢明だ。

エアブラシを使ったカスタムペインティング

ストリートアート風に仕上げるためのテクニック

今回の作例ではエアブラシの特性を活かし、アッパー全体にストリートアート風のペイントを施していく。完成時のイメージはコンクリートの壁面にスプレーで描くストリートアートの空気感を再現した、2003年発売の名作“Haze DUNK”だ。オールドスクール感あふれるオリジナルカラーのAIR JORDAN 1を、アンダーグラウンドなストリートスタイルを醸し出す特別なカスタムスニーカーへとイメージチェンジしていこう。

21 仕上がりイメージの参考にした2003年発売の“Haze DUNK”は、アッパーのパーツに単色のグラデーション塗装を施し、ディテールを強調するアプローチを採用したプロダクトだ。その独特のディテールをカスタムペイントで再現するため、先ずはパーツの境界線にラインを描くように、Angelus Paintを吹き付けていく。

22 アッパーを構成するパーツの境界線に塗装を施した状態。ここで描いたラインを広げるイメージで、エアブラシ塗装を継続する。今回使用したAngelus Paintの“Varsity”は、一般的な水性アクリル塗料の赤（基本色）よりも微妙にマゼンダ寄りで、調色せずにウイングマークに近い発色を再現できるのがありがたい。

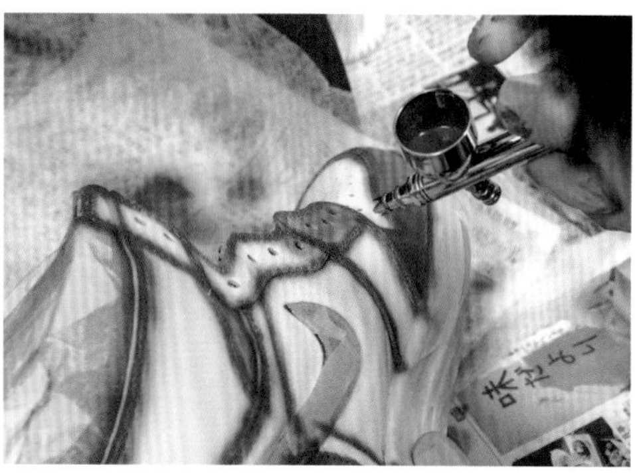

23 赤く描いたラインに囲まれた部分にエアブラシ塗装を施していく。ストリートアート風味を演出するため、描いたラインに近い部分は濃く、ラインから遠い部分が淡く薄く仕上がるように意識する。マスキングテープを外した際に、スウッシュや履き口の濃い赤に染まるパーツが露出するイメージを持ちながら塗装するのも忘れずに。

24 シューズ全体にグラデーション塗装を施した上でバランスを確認し、濃さが物足りないと感じた箇所や、デザイン的に強調したい部分があれば追加で塗料を噴いていく。逆に色が濃くなり過ぎたと感じた際は慌てずにアセトン等で塗料を落とし、もう一度下地処理を行った上で再塗装を行うリカバリー術で対応しよう。

>>

エアブラシを使ったカスタムペインティング

ホビー業界で愛用される乾燥時間短縮の秘密兵器

続いて残る片足の塗装を進めていく。見た目の感覚で塗装するカスタムだけに、左右のバランスを確認する目的で少しでも早く塗装面を乾燥させたいところだが、その際の秘密兵器となる家電が食器乾燥機だ。もちろん家電メーカーが推奨する使用方法では無いものの、実はホビー業界ではプラモデル塗装の乾燥に食器乾燥機を使うのは決して珍しくなく、今回取材したショップにも食器乾燥機が準備されていた。

25 塗装を終えたスニーカーを食器乾燥機に入れて、乾燥に必要な時間を短縮する。カバー付きの食器乾燥機は塗装面にホコリが付着するリスクも軽減してくれるものの、台所の食器乾燥機にスニーカーを入れたならば家族の猛反発は避けられない。この秘密兵器を活用するならば、専用の食器乾燥機を購入するのが前提だ。

26 乾燥した側を見本にして、もう片足にもグラデーション塗装を施していく。最初にパーツの境界線に沿ってラインを描き、その周囲にグラデーションを施していく流れは同様だ。塗り残しが無いように気を配る一般的な塗装とは異なり、グラデーション塗装は地色をどう活かすかのセンスが求められる作業となる。

27 両足にグラデーション塗装を施した状態。両足を並べて細部を調整しよう。画像では白い部分が少々目立つものの、マスキングテープの下には濃い赤色のパーツが隠れているだけでなく、着用時には赤いシューレースを通す予定なので、この段階で“もう少し塗りたいな”という気持ちになるくらいがベストと判断した。

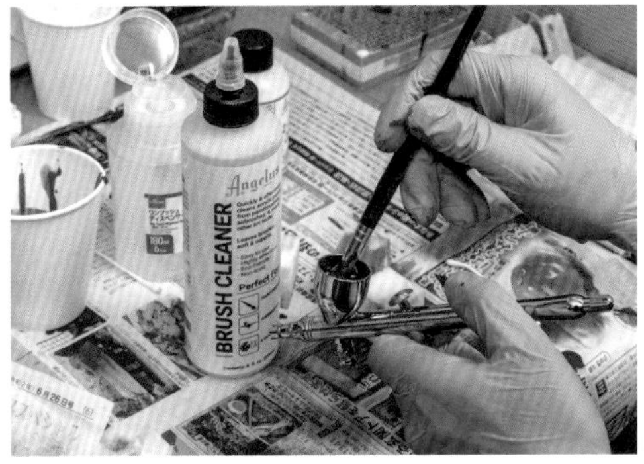

28 塗装が完了したらアッパー全体にトップコートを吹き付けていく。今回はトップコートもエアブラシで吹いていくので、ハンドピースを念入りに洗浄する。水性アクリル塗料は水でも洗浄可能だが、専用のクリーナーがあれば作業効率もアップする。今回はAngelusブランドが発売しているブラシクリーナーを使用した。

トップコート処理とマスキングテープ剥がし

プライマーにも使用した"Scrach Resistant Sealer"で表面をコートする

ストリートアート風のカスタマイズも最終局面。塗装面を保護するトップコートを吹き付けていく。スニーカーに適したトップコートには様々な商品が販売されているが、ここでは下地のプライマーにも使用した"Scrach Resistant Sealer"を使用する。このトップコート剤は塗装面の強度アップには定評があり、多くのカスタマイズビルダーが愛用している。水性で使いやすく、カスタムペイント初心者にもオススメだ。

29 Scrach Resistant Sealerを筆塗りする際は原液の濃さで問題無いが、今回はエアブラシで吹き付けるため、水道水で約1.5倍に希釈する。一般的に水性のトップコートを水で薄めると乾燥時間が長くなるものの、食器乾燥機やヒートガンを使って熱を加えると、作業が滞るほどの時間を要しないのでご心配なく。

30 塗装面の全体にScrach Resistant Sealerを吹き付けていく。無色透明のトップコートなので塗り終えた箇所を確認しにくいかもしれないが、極端な厚塗りにならなければ2度3度と重ね塗りしても問題ない。塗り残しのリスクを抱えるよりも安全なので、塗り終えたか自信が無い箇所があれば迷わず吹き付けておこう。

31 完全にトップコートが乾燥したら、シューズ全体のマスキングテープやビニール袋を外していく。くるぶし部分のウイングマークにはマスキングを施していないが、同系色の塗料をエアブラシで薄く吹き付けているだけなので、本来のディテールがくっきりと残っている。これは筆塗りでのペイントでは演出しにくい仕上がりだ。

32 シューズのマスキングを外し終えれば完成だ。今回はトップコートにScrach Resistant Sealerを使用しているので塗装面が艶消しに仕上がっている。表面を半光沢やグロス（光沢）に仕上げたい場合は、Angelusブランドのトップコート剤である"ACRYLIC FINISHER"をScrach Resistant Sealerの上に塗布しよう。

>>

ストリートアート風のカスタムスニーカーの完成

決して同じスニーカーを作る事が出来ない世界に1足のカスタムスニーカー

制作者のセンスや技量によって微妙に仕上がりが異なるグラデーション塗装のカスタムスニーカーは、真の意味で世界に1足のカスタムスニーカーと表現して過言ではない。今回はスニーカーに対する先入観の強いカスタマイズビルダーではなく、あえてホビー系のワーキングスペースに取材を依頼した。その結果、個性的なカスタムスニーカーが完成しただけでなく、塗装を円滑に進めるための様々なアイデアが得られたのは大きな収穫と言えるだろう。『モノ作りワーキングスペース クリエイターズワン』では、模型等のホビー系に関わらず、あらゆる"モノ作り"のための場所と共に、豊富な経験を持つスタッフのノウハウを提供するプロショップだ。同店ではモノ作りに関する講習や相談プログラムも提供しているので、カスタムに関するスキル向上を目指す人は足を運んでみる価値はありそうだ。

CUSTOMIZE BUILDER INFORMATION

モノ作りワーキングスペース クリエイターズワン

〒252-0303
神奈川県相模原市南区相模大野5丁目27−17
TEL:042-705-4402
営業時間:平日:13:00〜21:00
休日:12:00〜21:00
(最終入店時刻目処:20:30)
定休日:毎週水曜及び
前日までの予約がない火曜日

https://creators-one.org/wp/

市販のスニーカーでは絶対に得られない個性を主張するための1足

STREET ART PAINTING

NIKE AIR FORCE 1 LOW

CASE STUDY #07 STYLE CHANGE

CASE STUDY
#07
STYLE CHANGE CUSTOM/
スタイルチェンジカスタム

CASE STUDY #07

STYLE CHANGE CUSTOM/スタイルチェンジカスタム »
NIKE AIR JORDAN 1 HIGH OG "BLOODLINE"

比較的入手しやすいAIR JORDAN 1を
誰もが憧れる"CHICAGO"カラーへとスタイルチェンジ

世界中で最も人気のあるスニーカーと言えばAIR JORDAN 1。
中でも1985年に登場したオリジナルカラーのひとつ"CHICAGO (シカゴ)"カラーは復刻版も一瞬で完売する人気モデルで、運良く入手できたとしてもリセールマーケットでの高額な相場を意識すると、履くのに躊躇するのが正直なところ。
ならばカスタムペイントで気軽に履ける"CHICAGO"カラーを作れば良いのだ。ここからはInstagramでも話題になった、"BLOODLINE"をベースに"CHICAGO"へとスタイルチェンジするカスタムペイントの手順を紹介しよう。

取材協力：JUNKYARD 高円寺

主な取得スキル

■塗装面の下処理 P.067
■下地カラーの塗装 P.068
■仕上げカラーの調色 P.070
■ウイングマークの仕上げ P.074

塗装面の下処理

シューズ用ブラシで仕上げるのがプロショップの流儀

市販のスニーカーに施されている塗装面のコーディングを、アセトンを使用して除去していく。スニーカーのコーディングは汚れ等を弾きやすくするメリットを持つ反面、その特性が影響して塗料の乗りを悪くしてしまう。アセトン等の溶剤は素材を傷めるため“やり過ぎ”は禁物ではあるものの、プロやアマチュアを問わず、スニーカーのカスタムペイントを施す際には避けては通れない工程となる。

01 脱脂綿にアセトンを含ませて、塗装面の表面をクリーニングする。ここで紹介する作例では、主にブラックのパーツを赤に変更する作業が中心だ。ブラックを他の色に変更する際には、それなりの厚さで塗装する必要が生じてくる。塗装の乗りを良くするためにも、しっかりを下処理を行うのを忘れずに。

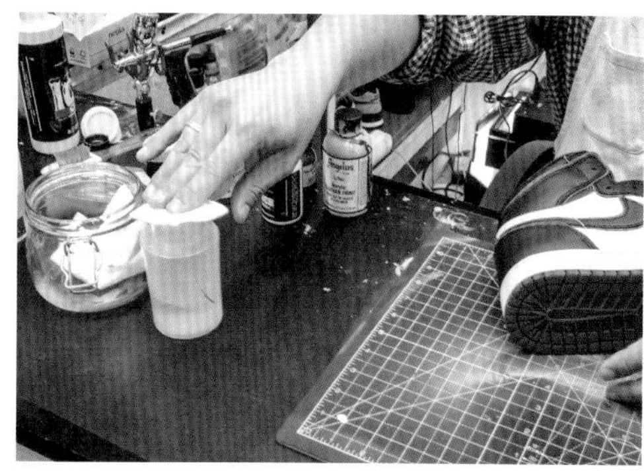

02 アセトンを使用する際には缶から別の容器にスポイト等で移して作業を進めよう。アセトンは揮発性が高いため、移す容器に100均ショップのポンプディスペンサー等を使用すると良いだろう。画像のタイプは上部に装着される皿をプッシュすると少量のアセトンが出てくる優れもので、プロショップでも大いに活躍していた。

03 ブラックに染まったレザーパーツをアセトンで吹き上げると、脱脂綿に黒い塗料が付着してくる。アセトンが如何に強い溶剤であるかが実感できるハズだ。ホワイトのレザーパーツを下処理する際には、塗料の落ちを確認しにくく、必要以上にアセトンを使用してしまうリスクがあるので注意が必要だ。

04 吹き上げに使用したアセトンが乾燥したら、タオルやシューズ用のブラシでクリーニングする。表面から剥がれたブラックの塗料片がレザーやステッチに残っていると、明るい塗料を塗り重ねた際に、ゴミのように目立ってしまうかもしれない。そうしたリスクを最小限に抑える、プロならではの“ひと手間”だ。

下地カラーの塗装

イメージ通りの発色をサポートするための塗装工程

塗装面の下処理が完了したら下地カラーを塗装する。ここで使用するAngelus Paintはスニーカーに使用されるカラーを再現しているものの、地色が強い場合には透けてしまうため、本来の発色を実現するのが難しくなる。そのため本命のカラーを塗る前に、その発色をサポートする下地カラーを塗る必要が生じるのだ。ここでは同じAngelus PaintのLILAC（ライラック）を使用している。

05 カスタムペイントの下地にはホワイトを使用するケースが多いが、取材したプロショップではAngelus PaintのLILAC（ライラック）を使用する。これは数多くの経験に基づいてプロが考案したオリジナルレシピで、AIR JORDAN 1らしい赤を再現するには、LILACの下地カラーが欠かせないと話していた。

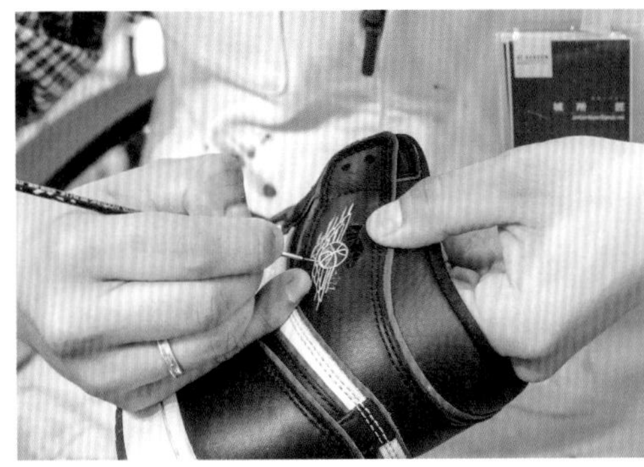

06 ホビーショップや画材店で購入可能な、面相筆のような極細の筆を使ってウイングマーク周囲に下地カラーを塗布していく。今回の作例ではウイングマークを黒いままで残すため、その周囲の細かい箇所に全て下地カラーを塗る必要がある。AIR JORDAN 1をベースにしたカスタムペイントの鬼門となる工程だ。

07 ウイングマークの周囲に下地カラーを塗る際は、ヒートガンを使用して小まめに塗装面を乾燥させよう。塗装に集中するあまり、指が塗装した箇所に触れてしまう失敗は十分に考えられる。しっかりと塗装面を乾燥させておけば、万が一の失敗でも心が折れるような最悪の自体は避けられるハズだ。

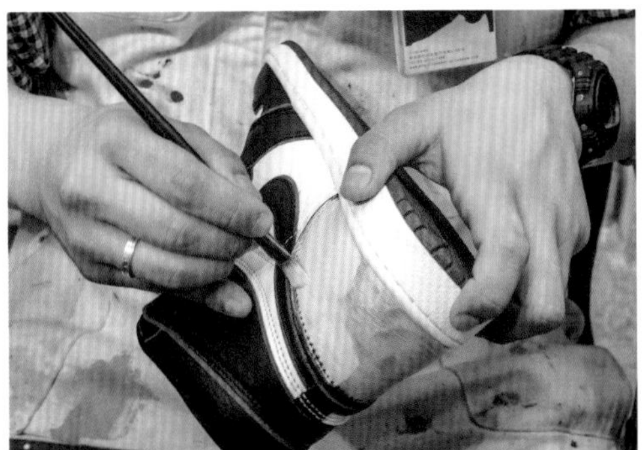

08 ウイングマークの周囲にLILACを塗り終えたら、他のパーツにも下地カラーを塗布しよう。ここではスウッシュや履き口周りのラバーパーツ以外をブラックから赤に変更するため、かなりのパーツを塗りかえる事になる。前の工程で手にした筆を幅が広いタイプに持ち替えて、テンポ良く作業を進めたい。

>>

下地カラー塗装の仕上げ

下地カラーを丁寧に仕上げなければプロのレベルには届かない

カラーをブラックからレッドに塗り替える全てのパーツに、Angelus PaintのLILACを塗っていく。下地の塗装とは言え、塗装面にムラが残っていると仕上がり時の塗装面に悪影響を及ぼすリスクが高くなる。下地だからと手を抜かず乾燥させた後に2度塗を施して、塗装のムラを消した状態に仕上げていこう。この下地塗装が完了したら、塗装面の強度を高める“スクラッチシーラー”を塗っていく。

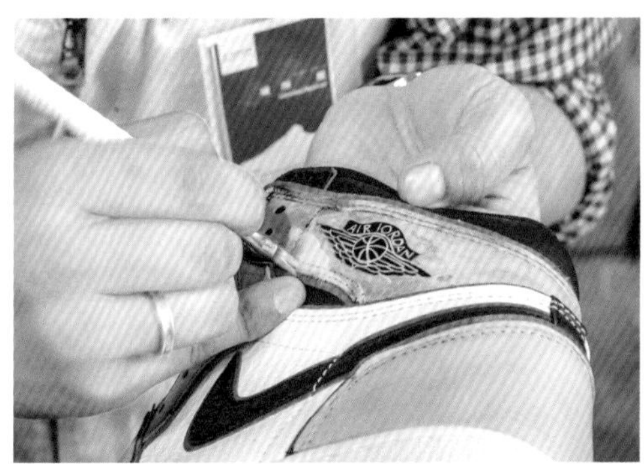

09 カラーを塗り替える部分に下地カラーを塗っていく。比較的地色を隠す“隠蔽力”に優れるAngelus Paintでも、ブラックに明るいカラーを1度塗っただけではムラが目立つ仕上がりにしかならない。例え下地塗りでも、本番のカスタムペイントと同様に2度塗りを施して、しっかりとした塗装面に仕上げよう。

10 先行して細かい部分を塗装したウイングマークの周囲を塗り上げた状態。多少のはみ出し等があっても、仕上げの工程でブラックの塗料を使えば簡単にリカバリーが可能だ。先ずはAIR JORDAN 1らしい“赤” を発色させるため、細かい部分まで手を抜かずにLILACを塗っておく事が重要となる。

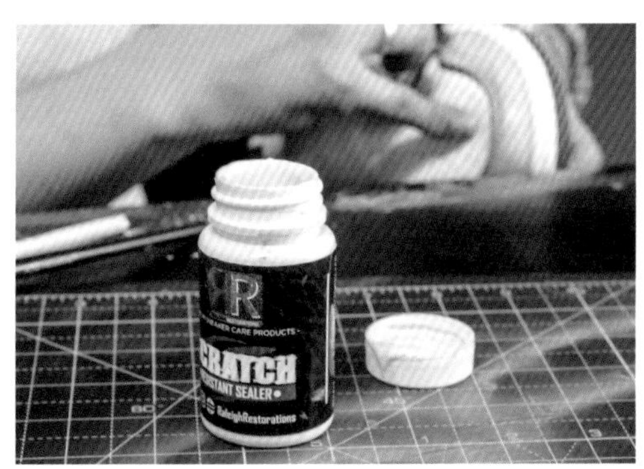

11 下地の塗装が完了したら、塗装面全体に“スクラッチシーラー”を塗布しよう。スクラッチシーラーは塗装面の強度を高めるだけでなく、塗料同士の食いつきを向上させる効果も期待できる。本書の取材でも本来のトップコート目的だけでなく、プライマーとして使用するカスタマイズビルダーが少なくなかった。

12 塗装面の全体にスクラッチシーラーを塗り終えたらしっかりと乾燥させる。下地カラーが整っただけではあるものの、この状態でもカスタムペイントの作品として通用するクオリティに仕上がっているのが分かるだろう。言い換えれば、下地カラーをこのレベルで仕上げなければ、プロと肩を並べることは難しい。

仕上げカラーの調色

下地と調色した塗料の組み合わせがAIR JORDANらしさを醸し出す

仕上げカラーのレッドを、複数のAngelus Paintを使用して調色する。スニーカーに特化したAngelus Paintは、知名度の高いスニーカーのカラーを再現したラインナップが特徴だが、下地に塗ったカラーとの相性により、仕上がりに微妙な差が生じてくる。もちろんスタンダードな仕上がりであればAngelus Paintをそのまま利用して問題ないだろう。ただ、プロの世界には"その先"が存在するのだ。

13 水彩絵の具用のパレット等を使用して、Angelus Paintを調色する。プロショップのカスタマイズビルダーは、スタンダードカラー"RED"をベースに、同じくスタンダードカラーの"FLAT WHITE"と、よりスニーカーらしい色調に仕立てたコレクターズエディションと呼ばれる塗料の"VARSITY"を少量加えている。

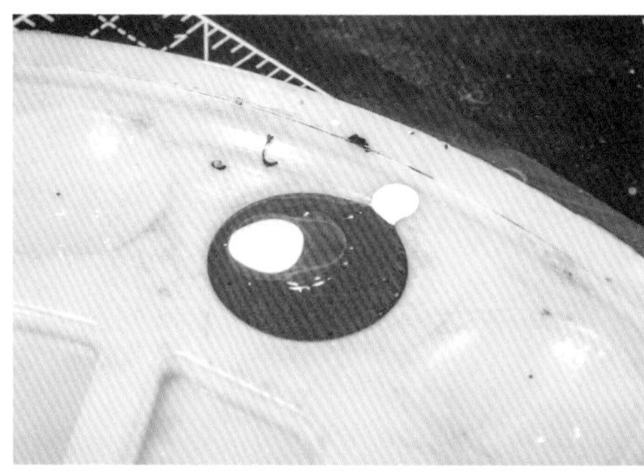

14 このレシピを数値化する事も可能だが、塗料のままと乾燥後では発色が異なるケースが少なくないため、混ぜたカラーを革のハギレに試し塗りして、乾燥した際の発色を確認しながら好みに合わせて微調整する事をお勧めしたい。発色を確認するならば、下地に使った塗料に重ね塗りするのもお忘れなく。

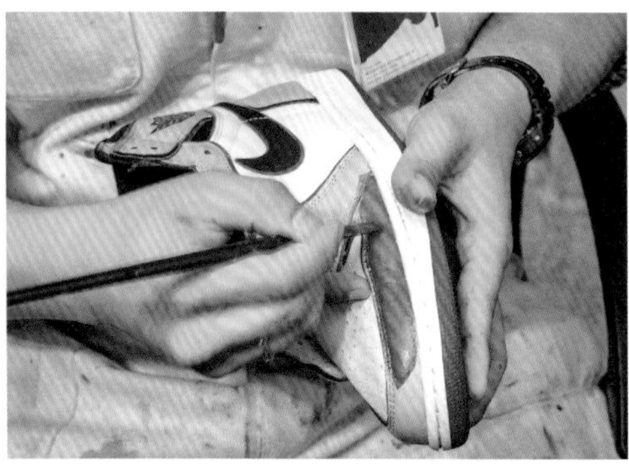

15 Angelus Paintの調色が完了したら、下地カラーを塗った面に塗り重ねていこう。ここではマスキングテープを貼らずに塗装を進めているが、これは数多くのペイントを手掛けた経験があってこそ。慣れないうちは、ミッドソールにマスキングテープを貼ってから塗装する方がプレッシャーを感じずに作業できるだろう。

16 トウガードに調色したREDを塗った状態。画像でどこまで伝わるか分からないが、いわゆる"真っ赤"よりもマゼンダを感じる発色であり、全体に深みのあるカラーに仕上がっている。月並みな表現になってしまうが、単なる赤ではなく、ファンが連想するAIR JORDAN 1のREDが再現されているのだ。

>>

仕上げカラーの塗装と乾燥

塗料を調色する時は多めに作るのが吉

塗装したトウガードを乾燥させ、その発色を確認したら他の塗装工程に進もう。取材したプロショップでは、塗装と乾燥を頻繁に繰り返しているのが印象的であった。塗装面の広さによっては、パーツを全て塗り終える前にヒートガンを使って乾燥させる程である。ヒートガン等を使わなくても自然と乾くからと、省いても問題無さそうな工程にも思えるが、そこに手を掛けられるかが仕上がりに差を生むのだ。

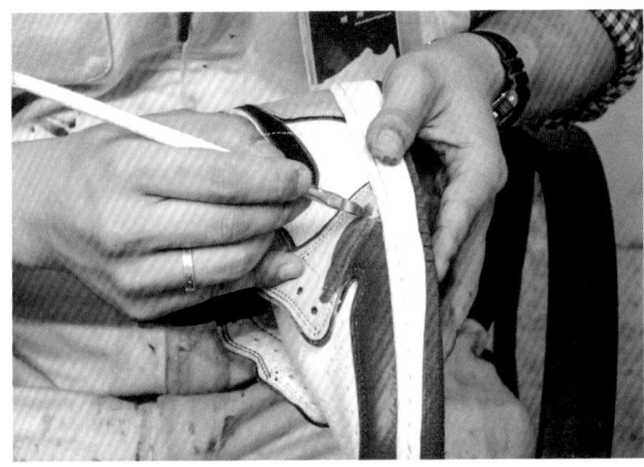

17 下地塗りしたパーツを塗装する。この作例でベースに使用するAIR JORDAN 1 "BLOODLINE" は、パーツに赤いパイピングが施されているので、塗料が少しくらいはみ出しても気にならないのがポイント。その特徴が広く知られるようになり、カスタムペイントのベースとしての人気も急上昇中だ。

18 パーツの塗装と乾燥を小まめに繰り返していく。この作例ではシューズ全体を塗り終えてからではなく、パーツごとに二度塗りを施しながら作業を進めているので、より乾燥させる工程が重要になる。パーツの乾燥はドライヤーでも可能だが、ヒートガンの方が高い熱風になるため効率良く作業が進められる。

19 ヒールパーツも他と同様に上塗りを施していく。初心者は二度塗り作業を省略する目的で、1度で厚く塗料を塗ってしまいがち。ただ、1度に厚く塗った塗料は垂れやすくなり、他の部分に色が付く失敗に直結する。そこからのリカバリーこそ面倒な工程になるので、二度塗りの方が結局は手間が省けるのだ。

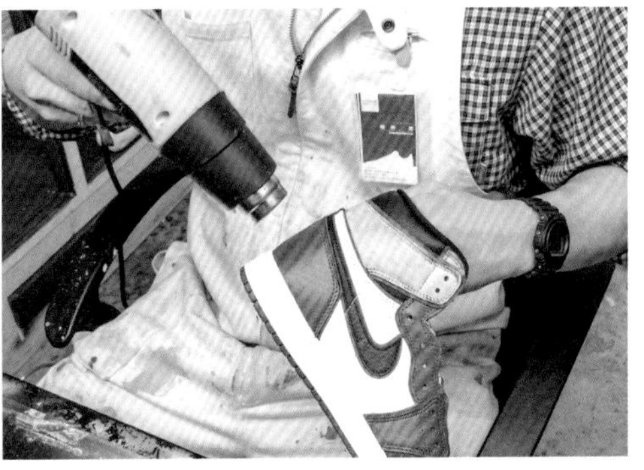

20 パーツを塗ったら再び乾燥させる。ここでは塗装面全体に調色した塗料を使用しているが、慣れないうちは塗料が足りなくなったからと言って追加で調色すると、微妙に色が違ってしまうのがお約束だ。そうした不測の事態を避ける意味で、小さなボトル等を活用し、多めに調色したカラーをストックすると安心だ。

>>

塗り残しやはみ出した箇所のリカバリー

細部まで配慮が行き届いた仕上がりが手にした際の満足感を高めてくれる

ミッドソールに接する部分のパーツに上塗りが完了したら、ウイングマーク周りの塗装に進む前に、塗り残しやはみ出した箇所のリカバリーを対応する。ここで注意したいのは塗料のはみ出しだけでなく、パーツの断面やステッチが施された箇所に塗り残しが無いか確認する事。地色のブラックが露出する塗り残し箇所を発見した際には、下地色のLILACを塗り、しっかりと乾燥させてから上塗りする。

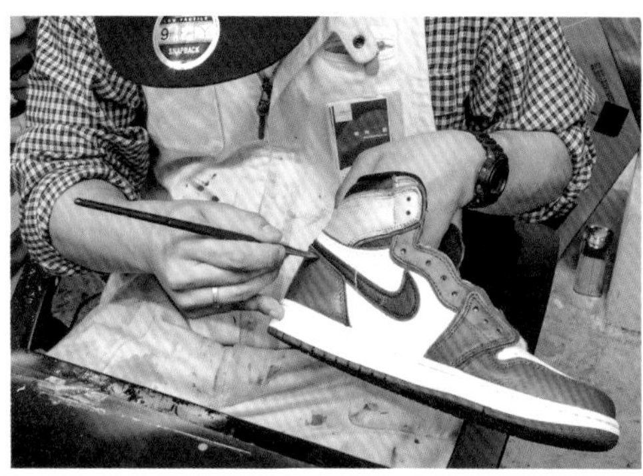

21 この作例でベースにセレクトしたAIR JORDAN 1 “BLOODLINE”特有の確認ポイントとしては、パーツとパイピングの隙間部分に露出するレザーパーツの断面がある。影になる部分なので着用時には目立たないが、完成した作品を手に取って愛でる際には気になるハズ。塗り残した断面も赤く塗っておきたい。

22 塗料がはみ出した部分は、アセトンを脱脂綿やメラミンスポンジに含ませて拭き取っていく。この際、塗装を終えたパーツの塗料を剥がさないように、しっかりとマスキングテープを施してから作業を進めるのを忘れずに。はみ出した塗料を除去したらマスキングテープを剥がし、改めて塗装面を確認しよう。

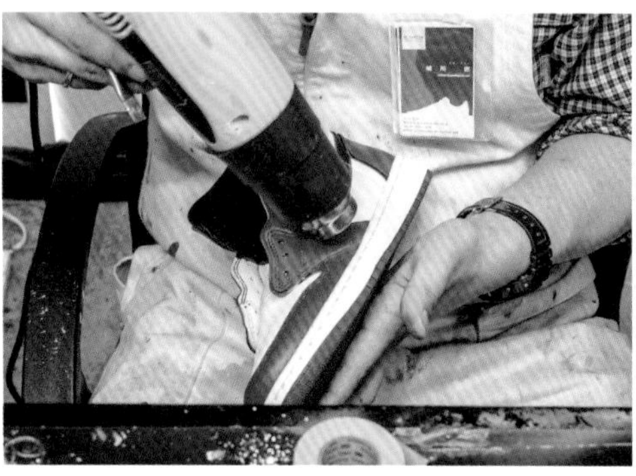

23 はみ出した塗料を除去したら、作業した箇所にヒートガンで熱風をあてて乾燥させる。実際のところアセトンは拭き取り後に短時間で乾くため、改めて乾燥させる必要性は低いのかもしれない。ただ、こうした塗装と乾燥のルーティンを身体に覚えさせる事は、ペイントスキル向上を目指す人には欠かせない。

24 ミッドソールにはみ出した塗料を拭き取った状態。つま先部分のホワイトとレッドが描くコントラストが、多くのスニーカーファンが憧れる“CHICAGO”カラーを連想させる。ここまでの工程で細部のリカバリーを完了させたら、最後の難関であるウイングマークと周辺部分の上塗り工程に進んでいこう。

>>

ウイングマークの周囲に上塗りを施す

リラックスできる作業環境を整えるもの大切だ

AIR JORDAN 1がベースのカスタムペイントで最難関となる、ウイングマーク周りの上塗り工程に進んでいく。言わずと知れた人気スニーカーのため、AIR JORDAN 1のカスタムペイントに対するニーズは高いが、多くのカスタム初心者はウイングマーク部分の塗装工程で心が折れてしまう。この工程には“裏ワザ”は存在せず、取材したプロショップでも地道な塗装に取り組んでいた。

25 下地カラーのLILACを塗装した工程と同様に、極細の筆を使ってウイングマークの周囲を上塗りする。この工程でも“CHICAGO”カラーらしい発色を表現するには、調色した塗料を二度塗りする作業が必須だ。初心者のモチベーションを低下させる手間の掛かる作業は、地道に対応する以外の選択肢は無い。

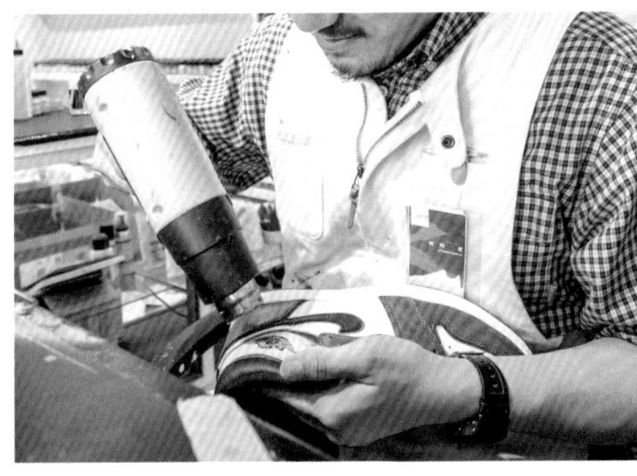

26 ディテールの半分程度を塗り終えたら塗装面を乾燥させ、二度塗りを施して再び乾燥させる。その工程を繰り返す集中力と持久力が、AIR JORDAN 1のカスタムペイントを成功に導く鍵となる。どうやっても時間の掛かる作業になるので、お気に入りの音楽でも聴きながら、リラックスできる環境で取り組もう。

27 ウイングマークの文字を塗装する工程は、特に神経をすり減らせる作業だ。ウイングマークに採用されている書体(フォント)もAIR JORDAN 1らしさを演出するディテールであり、パーツに型押しされた書体を忠実にトレースする必要がある。下地塗装を施す際に、どれだけ書体をトレースしているかが重要なのだ。

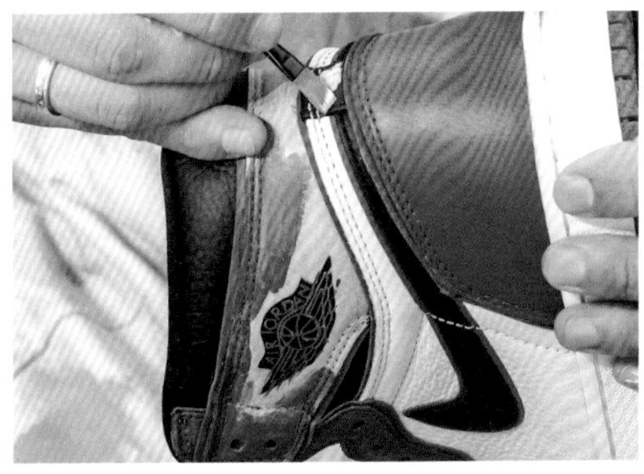

28 ウイングマークの内側に上塗りを施したら、その周囲もREDでペイントする。ここでヒールの補強パーツに塗り残しを発見したため作業を一旦中止して、塗り残したパーツにペイントを施していく。プロであっても見落としをゼロには出来ない。こんな時こそ、慌てずにリカバリーする余裕が大切となる。

ウイングマークの仕上げ

プロショップが仕上げたウイングマークのクオリティが凄い

塗り残し部分のリカバリーを終え、ウイングマークの周囲をレッドに塗り終えたらウイングマークを仕上げていく。具体的にはブラックの塗料を使ったディテールの微調整だ。赤い塗料がはみ出した部分に加え、ウイングマークの横にプリントされている“TM（トレードマーク）”表記も書き加える。AIR JORDAN 1の顔と言うべきアイコンディテールなので、可能な限り丁寧に作り込みたい。

29 ウイングマークの微調整にはAngelus PaintのBLACKを使用する。スニーカーのカスタムペイントでは、ホワイトと共に使用頻度の高い定番色なので、これから購入する場合には容量が多い4オンスのタイプがお勧めだ。ウイングマークの微調整は細かい作業が中心なので、極細タイプの筆を準備しよう。

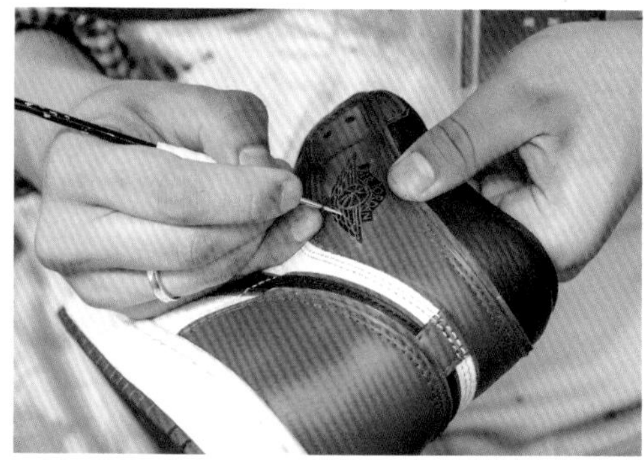

30 極細の筆を使ってウイングマークのディテールを整えよう。エンボスの形状を意識して、ディテールの底面だけを塗る感覚で塗り進めると整いやすい。また別の箇所の話題ではあるが、ヒールの補強パーツを横に走るステッチは、オリジナルの“CHICAGO”と同様にホワイトの塗料で塗装している。

31 ウイングマークの調整が完了したら、ヒートガンで塗装面を乾燥させる。労力を伴う工程なだけに、美しく整ったウイングマークに仕上がった時の達成感は格別だ。使用した塗料に艶消し剤を添加していないので、このままでは光沢感が目立っているが、最後にトップコートで光沢を調整するのでご心配なく。

32 ウイングマークの調整が完了したら、テキストの横に“TM(トレードマーク)”表記を書き加える。プロショップの手に掛かれば、ここまで美しいウイングマークに仕上がるのだ。経験の少ないカスタマイズビルダーが、精度の高いウイングマークを仕上げるのは難しい。それでも挑戦する意味がある工程なのは間違いない。

>>

アッパーの塗装部分にトップコートを施す

プラスアルファのディテール感を持つCHICAGOカラーが完成

ここまでの工程の仕上げにトップコートを塗布していく。トップコートは塗装面を小さなダメージから守る働きがあり、カスタムペイントのコンディションを保つ効果に働きかける仕上げ剤だ。ここではAngelus Paint用のフィニッシャーとして発売されている、ACRYLIC FINISHERのMATTE（マット）を使用する。現行のAngelus Paint用フィニッシャーの中では、最も艶の無い塗装面に仕上がるタイプだ。

33 ACRYLIC FINISHERを筆塗りする際は、原液を薄めずに塗装面に塗布していく。この際にエラブラシを使ってトップコート処理を行う際は、専用の薄め液“Angelus 2-Thin”を使って、2倍程度に薄めてから使用する。原液の状態では薄く濁った見た目だが、乾燥すると無色透明になるので問題ない。

34 広めの筆を使って、塗装面全体にトップコート処理を行っていく。今回の作例ではトップコートを施した部分と未塗装のパーツが同じような光沢に仕上がっているが、パーツによって極端に光沢の差が出てしまった場合には、塗装していないパーツにもトップコートを施して、表面の光沢を整えるのも良いだろう。

35 トップコートを乾燥させれば今回のカスタムペイントも完成だ。もちろん実際の作業では、全てのパーツにトップコート処理を施してから乾燥させるのではなく、パーツごとに小まめに乾燥を繰り返している。表面処理の最終工程だけに、素早く乾燥させて表面にホコリ等が付着するリスクを避けるのも重要なのだ。

36 AIR JORDAN 1の“BLOODLINE”を“CHICAGO”風へとイメージチェンジした、カスタムペイントのBefore & After。サイドのウイングマークが“CHICAGO”らしさを強調するだけでなく、パーツを囲うようなパイピングがプラスアルファのディテールとして活きており、味わいのあるルックスに仕上がっている。

Instagramで話題を集めた“CHICAGO”風ペイント

多くのファンが注目するのも納得するカスタムスニーカーが完成した

世界で最も人気の高いスニーカーと評して過言ではないAIR JORDAN 1。その中でも比較的入手しやすい“BLOODLINE”を、世界中のスニーカーファンが憧れる“CHICAGO”風にイメージチェンジするカスタムペイントは、予想を超える完成度で完成した。取材時には手を加えなかったスウッシュを囲むパイピングも、後日ブラックにペイントされ、より“CHICAGO”らしさを強調する仕上がりになっていた。オリジナルカラーの“BLOODLINE”が持つ雰囲気を好むファンが居るだろうが、この出来上がりを目にするとInstagramで話題になるのも当然と思えるハズ。今回取材した『JUNKYARD高円寺』では、手持ちの“BLOODLINE”を“CHICAGO”風に仕上げるアレンジをはじめとする、スニーカーのカスタムペイントのオーダーも受け付けている。但し多数のバックオーダーを抱えている状況なので、納期や料金等は、事前に『JUNKYARD高円寺』まで相談しよう。

CUSTOMIZE BUILDER INFORMATION

ジャンクヤード高円寺
スニーカーアトランダム高円寺店

〒166-0003
東京都杉並区高円寺南3丁目53-8
TEL: 03-5913-7690
営業時間: 10: 00〜19: 00
定休日は直接お問い合わせ下さい

https://sneaker-at-random.com/

Angelus
Duller
Contents: 4 fl. oz. / 118 ml
Angelus
Flat White
Acrylic
Angelus
COLLECTOR EDITION
Varsity
COLOR MATCHED
ACRYLIC LEATHER PAINT
Angelus
Acrylic
4 fl.oz / 118 ml
AIR

憧れのスニーカーが買えないのなら
カスタムペイントを駆使して
自分自身で作り上げれば良いじゃないか

STYLE CHANGE CUSTOM

NIKE AIR JORDAN 1 RETRO HIGH OG “BLOODLINE”

CASE STUDY
#08
ONE POINT REDESIGN

CASE STUDY

#08 ONE POINT REDESIGN/ワンポイントデザインアレンジ

CASE STUDY #08

ONE POINT REDESIGN/ワンポイントデザインアレンジ »
NIKE SB DUNK LOW PRO "MUSLIN"

サイドパネルのアイコンとなるスウッシュを異なる素材に付け替えてアレンジする

現代のスニーカーシーンで最も人気が高いカテゴリーであるSB DUNK。
中でもコラボレーションモデルと呼ばれる限定品には人気が集中し、
Webショップの抽選販売でも倍率が非常に高く、入手困難状態が続いている。
特別なDUNKが手に入らないのであれば、カスタマイズで自分だけのDUNKを作り出せばよい。
そのコンセプトを基に、DUNKの中では比較的手に入りやすい
"MUSLIN"をベースにセレクトして、サイドパネルのスウッシュをアレンジした事例を紹介する。

取材協力：リペア工房アモール

主な取得スキル

■パーツの取り外し P.082
■カスタムパーツの切り出し P.086
■パーツのステッチ処理 P.089
■カスタムパーツの接着 P.093

カスタムの方向性を検討する

世界に1足だけのスニーカーを生み出す為に

スニーカーをカスタムする方向性は大きく2つに分類される。既存のスニーカーのデザインを取り入れてアクセントとするか、これまで存在しなかった全く新しいデザインを誕生させるかだ。後者の"やり甲斐"には価値はあるものの、完成時のイメージが掴み辛いのが難点となる。ここではNIKE DUNKが持つデザインの良さを活かしつつ、一部のプレミアモデルに採用される反転ディテール"リバーススウッシュ"を取り入れたカスタムを行っていく。

01 スニーカーの構造を確認し、スウッシュを付け替える工程を組み立てていく。このDUNKではヒールパーツとスウッシュの後端が重なって縫い付けられている。重なった部分の縫い目を外す作業も検討したが、カスタムのハードルを下げる事、強度の確保の両面から重なった部分はカットする方針を決定した。

02 DUNKのスウッシュを反転させる際にはサイズバランスの変更が必須となるため、とり外したスウッシュを単純に反転して付け替えるのではなく、他のレザーからパーツを切り出していくのが前提だ。レザーのハギレが入手できない場合は、リサイクルショップで中古のレザーバッグを安く購入するのも方法だ。

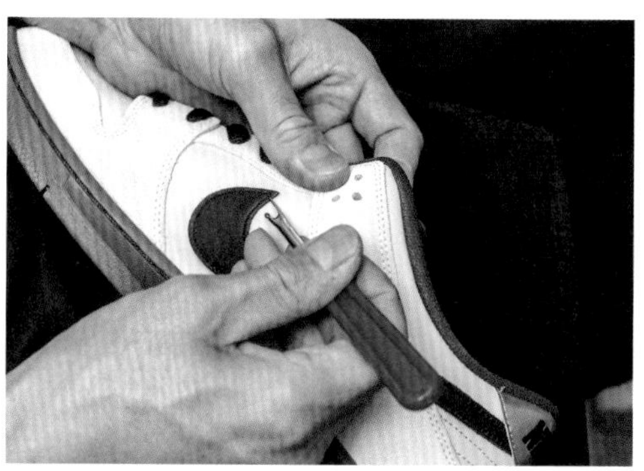

03 スウッシュを縫い付けている糸を"リッパー"と呼ばれる手芸用の道具で切断する。ハサミ等でも代用可能だがリッパーは縫い糸を先端の長い方ですくい、くぼみにある刃で簡単に切断する事が可能。シンプルなタイプであれば100均ショップでも購入可能なので、この手のカスタムに挑戦するなら手に入れておきたい。

04 リッパーで取り切れない部分の縫い糸は、糸切りはさみを使用する。この際にスウッシュを持ち上げるようにすると糸を切断するのが楽になるが、無理に糸を引き抜こうとするとベースの生地にダメージを負わせかねない。サイドパネルとスウッシュを繋ぐ縫い糸は、面倒でも全て切り離すように心がけよう。

パーツの取り外し

元々の縫い目もデザインとして活かす

サイドパネルのスウッシュを取り外し、下地のコンディションなどを確認する。ここで紹介する"リバーススウッシュ"カスタムでは、スニーカーから外したオリジナルとは異なる形状のスウッシュを取り付ける前提だ。そのため完成時にはパーツに隠れていた一部の下地や、縫製時に空いた穴が露出する。サイドパネルに空いた縫い目は目立つディテールではあるものの、カスタムスニーカーらしさを演出するデザインとして活かす方向で調整する。

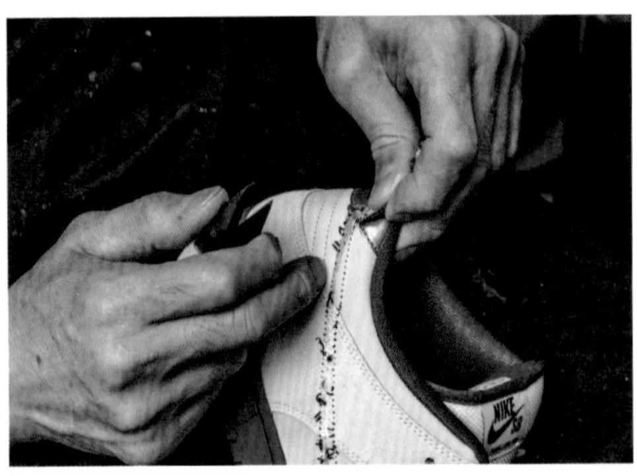

05 スウッシュの縫い目をほぼ外し終えた状態。このDUNKではスウッシュの後端がヒールパーツに重なっているため、縫い目を外すだけではパーツを取り外すことができない状態が確認できるだろう。これは1980年代にデザインされた、オールドスクール系と呼ばれるNIKEのバッシュによく見られる構造だ。

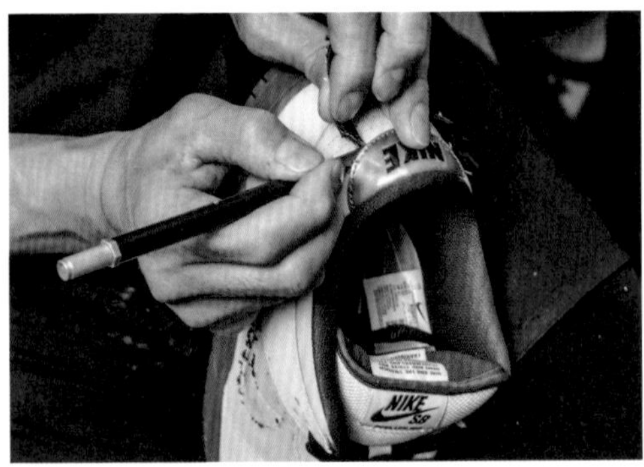

06 パーツが重なる部分の縫い目を外す方法も検討したが、縫い直すには相応のスキルが求められるため、今回は初心者でもカスタムできるよう、スウッシュをヒールパーツに沿って切り取る方法を選択した。切り取る際にはスウッシュを持ち上げデザインナイフなどで少しずつ切り進み、下地を傷つけないように注意。

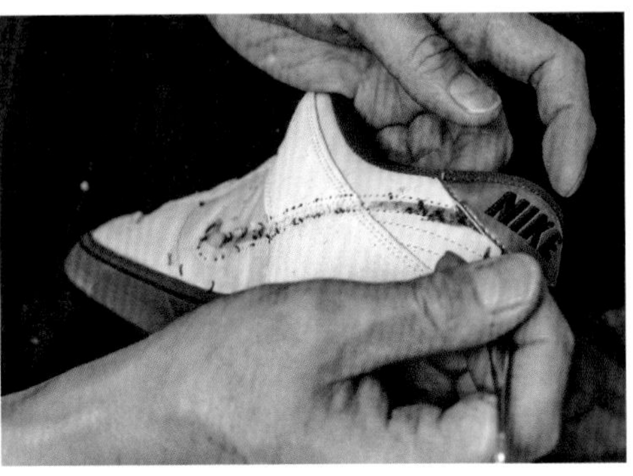

07 サイドパネルからスウッシュを取り外した状態。パーツを外す前は本体に縫い付けているように見えたスウッシュだが、パーツに隠れていた面には接着剤の跡が残っていた。恐らく製造時には接着剤でパーツを固定してから縫い付けていたのだろう。この接着剤の跡は見た目を悪くするため、後の工程で取り除いていく。

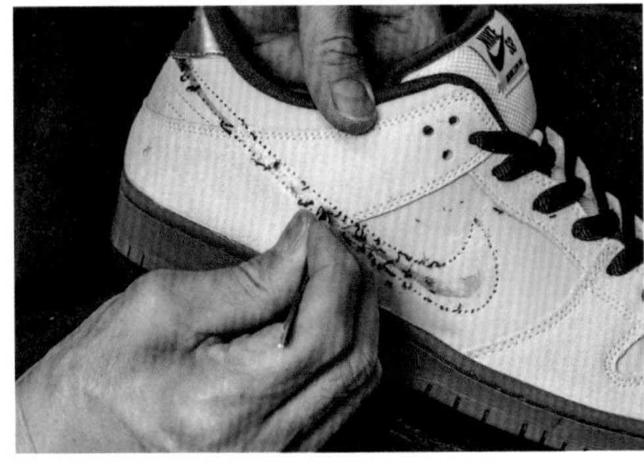

08 スウッシュを取り外したサイドパネルに残る縫い糸を、毛抜きなどを使って丁寧に取り除いていく。縫製のコンディションにより糸を外しにくい箇所があるかもしれないが、チカラ技に頼らずに地道を進めるのが成功への近道となる。今回は左右で4本のスウッシュを交換するため、4面とも同様の工程で作業を進めた。

>>

アッパーに残った接着剤跡のクリーニング

コンディションや素材によって接着剤跡のクリーニング法を変える

スウッシュをサイドパネルに縫い付けているように見えたDUNKも、実際にパーツを外してみると結構な量の接着剤跡が残っていた。単純にスウッシュの素材を変更するカスタムであれば仕上がり時にはパーツに隠れる部分のため問題ないのだが、“リバーススウッシュ”カスタムの場合には接着剤跡が表面に露出してしまう。仕上がり時の見た目を向上させるためにも、素材に応じたクリーニングで接着剤跡を除去しよう。

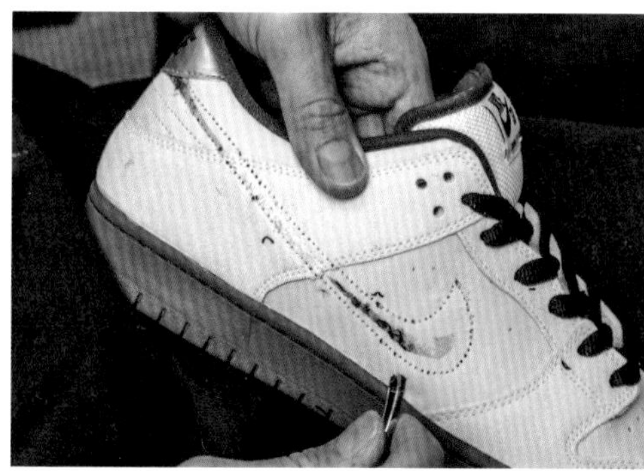

09 サイドパネルの接着剤跡はスウッシュの前後端にあたる位置に集中していた。接着剤跡が黒ずんでいるのはスウッシュの色が移ったもので、他のカラーであれば色が異なる可能性もある。例え色が目立たなくてもダマのようになった接着剤跡はクオリティを大きく低下させるため、しっかりとクリーニングしよう。

10 スウッシュの後端部分には特に頑固な接着剤跡が残っている。毛抜きなどを使って大まかに接着剤跡を取り除き、市販のクリーナー（接着剤はがし）などを使用してクリーニングする。但しクリーナーの中には革素材に適さないタイプも販売されているので、使用する前に適した素材を確認するのを忘れずに。

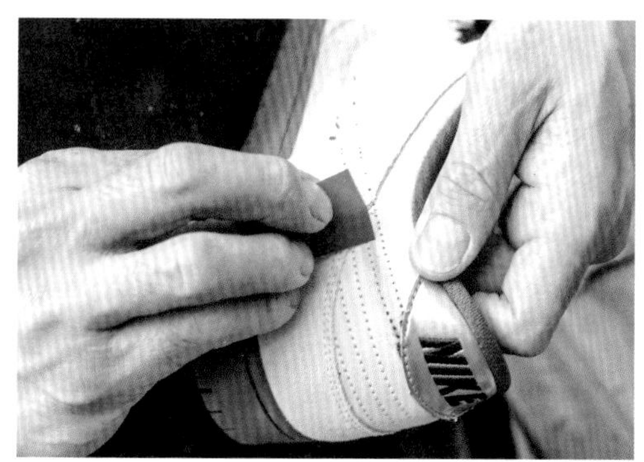

11 ここでカスタムを行うDUNK“モスリン”のアッパーにはスエードやヌバック素材が使われている。そのため接着剤跡除去の仕上げにも細かい番手のサンドペーパーを使用した。アッパーに表革を使用するスニーカーでは、カスタムを施す部分以外にダメージを与えるリスクが高いためサンドペーパーは推奨できない。

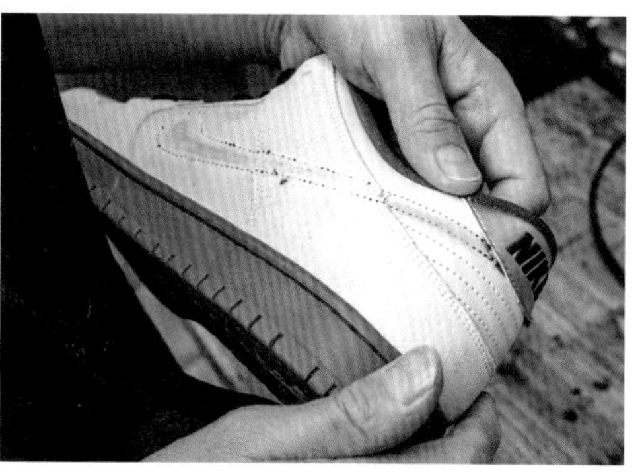

12 サイドパネルの接着剤跡を取り終えた状態。わずかに残る糸を取り除けばクリーニングの完了だ。ゴム状に硬化した接着剤はクリーニングできているが、素材に染み付いた跡までは対応できなかった。この染みを隠すには周囲と同色で塗装する方法もあるが、スエードやヌバックの質感を再現するのは難しい。

>>

交換パーツのバランス調整

パーツ形状がリバーススウッシュの仕上がり具合を左右する

今回の"リバーススウッシュ"カスタムでは、アウトサイドのスウッシュのみ反転させ、インサイドはオリジナルと同じデザインのスウッシュを素材を変更して装着する。インサイドは外したスウッシュを"型紙"として使用すれば良いが、アウトサイドではオリジナルパーツを反転させるだけでは小さくなってしまうため、サイズやバランスを変更した型紙を作成する。手本となる型紙が存在しない最もセンスが問われる工程だ。

13 デザインアレンジを目的に"リバーススウッシュ"カスタムを行うのだから、完成時にはある程度のインパクトを演出したいのが正直なところ。そのため外したパーツを拡大コピーするなど試行錯誤を繰り返し、アッパーから外したスウッシュよりも大きく、カーブ部分を太くアレンジした型紙を製作している。

14 制作した型紙を革のハギレに転写し、実際にスニーカーと合わせて最終的なバランスを調整する。交換するパーツに近いカラーのハギレを使用すると、色のバランスも確認できるので一石二鳥だ。適当な革のハギレが手に入りにくい場合は100均ショップなどで購入可能なカラークラフト紙で代用すると良いだろう。

15 スウッシュの型紙が作成できたら、パーツを切りだすレザーバッグを解体する。今回はベースモデルのカラーを考慮して、ブラウン系のユーズド品をリサイクルショップで約1000円にて購入した。このレザーの表面にはオーストリッチ風の型押しが施されているので、仕上がり時にアクセントとして活きる事も期待。

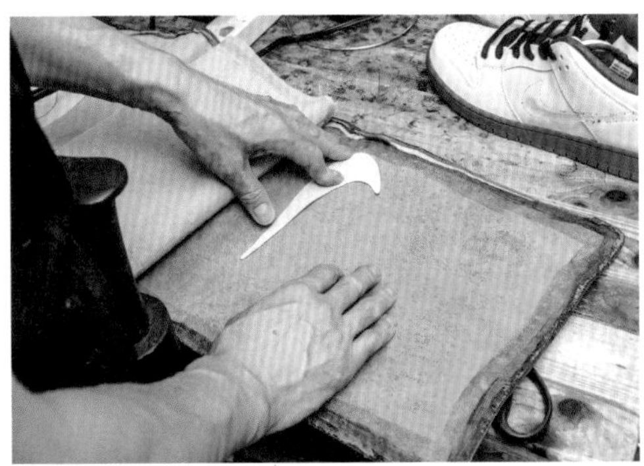

16 解体したレザーバッグに型紙を当て、パーツを切り出す位置を確認する。交換用パーツの切り出しには本革ではなく合皮でも対応可能だが、合皮の場合はパーツの断面が目立つケースがある事と、本革に比べ経年劣化が早く進行するため、中古品を購入する際にはコンディションを見極めるのを忘れずに。

>>

交換用パーツの型取り

デザインをアレンジしたスウッシュは型を裏返して左右対称に

バランスを調整したアウトサイド用の型を用いて、パーツを切り出すレザーの裏面に型を描いていく。レザーの銀面(裏面)で型取りする際には、革の銀面に線を描く"銀ペン"を使用する。この際、左右で別々のオリジナル型を作成するよりも、同じ型を裏返して型取りする方が左右対称に仕上がりやすい。一方でバランスを変更しないインサイドのスウッシュは、外したパーツを用いて型取りすると高い精度を確保できる。

17 レザーの裏面で型取りする際には、型が動かないように固定する面に両面テープを使用する。1度目の型取りが完了したら、面倒でも両面テープを新しいものに貼りかえよう。特に薄いクラフト紙などで型を作った場合は線を引く際にずれやすくなるため、しっかりと固定するための下準備が肝心だ。

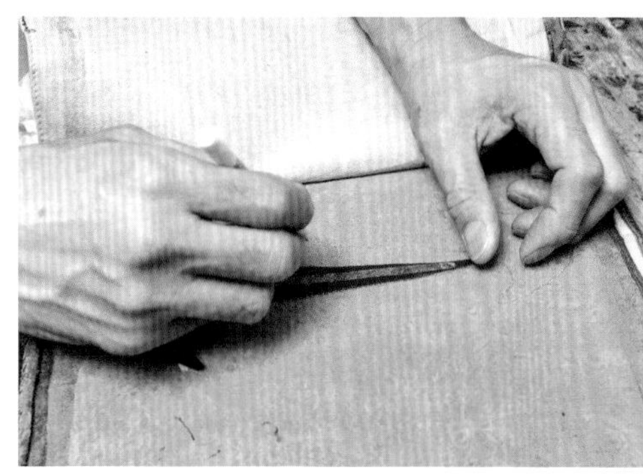

18 片足の型取りが完了したら裏返し、もう片足の型を取っていく。パーツ取りする位置を工夫して、無駄のないように型取りしたい。特に中古のレザーバッグ等からパーツを切り出す場合には、同じ風合いの素材が二度と手に入らない可能性が高い。失敗した際のリカバリーのためにも、素材は有効に活用しよう。

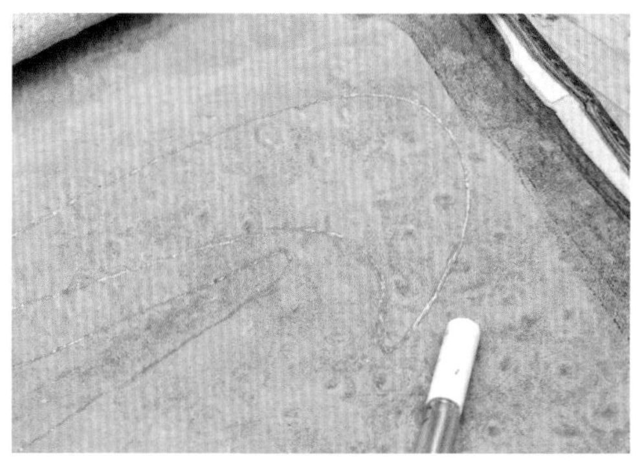

19 画像では少々見にくいが、パーツを切り出す革の銀面に銀ペンで線を描き終えた状態。切り出すパーツのサイズ等に差が無ければ多少の線の歪みは切り出し時に修正可能だ。どうしても線を修正したい場合には、消しゴム(革の種類で使えない場合あり)やクリーム状の"銀ペンクリーナー"で線を消すことが可能だ。

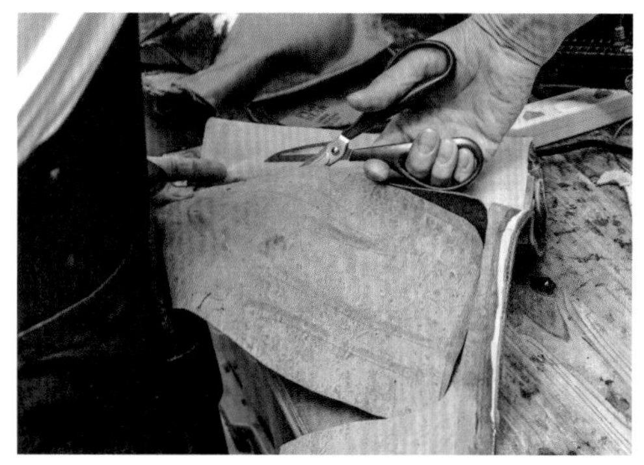

20 取り外したスウッシュを用いてインサイド用の型取りを済ませた後、パーツを切り出しやすいように大まかな形状でレザーを切断する。皮革用のハサミは"革切り鋏"とも呼ばれ、手芸店やWebショップで購入可能。その価格もピンキリではあるものの、薄手の革であれば1000円前後のハサミでも特に問題は無いハズだ。

カスタムパーツの切り出し

サイズバランスやカラーコーディネートの最終確認

型を写したレザーから交換用のパーツを切り抜いていく。スウッシュのデザインは曲線が多く、取材したプロショップではハサミで切り抜いている。但し革の裁断に慣れていない場合は、面倒でも直線部分はカッターで切断する方が美しく仕上がるだろう。パーツを取り付けた後ではリカバリーが難しくなるため、この工程でデザインバランスを再度確認し、本当に気に入ったコーディネートなのか判断するのも重要だ。

21 レザー用のハサミを使って銀ペンで描いたラインに沿って切り進む。プロショップの職人は「一気に切り進む方が美しく仕上がる」と説明していたが、その感覚は経験を積んでこそ。レザーの裁断に不慣れなうちはデザインに応じてハサミとカッターを使い分けるなど、慎重な作業で進めるのが無難だろう。

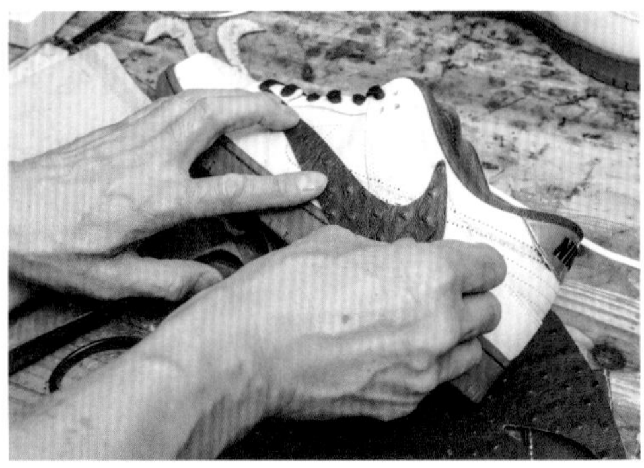

22 切り抜いたパーツをスニーカーに合わせて仕上がり状態を確認する。この後の工程ではデザインの修正時に必要な工程が増えてしまうため、イメージ通りの形状やカラーに仕上がっているか今一度確認しよう。万が一当初のイメージと異なる場合は、ここで作業を中断し、新たなパーツを作り直す勇気も必要となる。

23 左右のパーツを合わせて仕上がり状態をイメージ。この作例ではスウッシュの色が周囲に馴染み、つまらないデザインになる懸念もあったが、オーストリッチ風の型押しレザーを使用した恩恵で、アクセントと“まとまり感”の良さを醸し出している。仕上がりが楽しみな“リバーススウッシュ”カスタムになりそうだ。

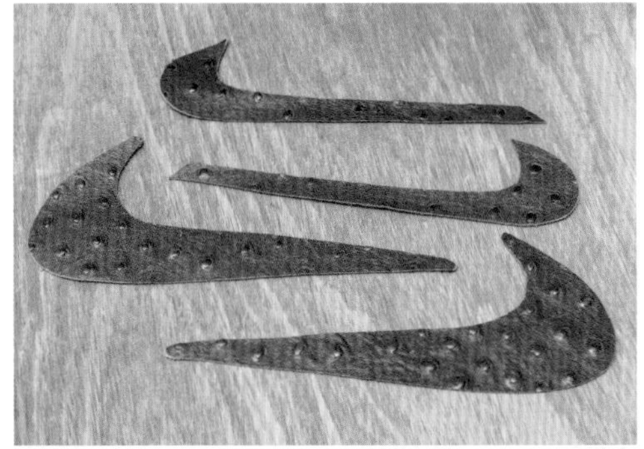

24 中古のレザーバッグから切り出した4本のスウッシュの比較。上の2本が正しい向きで取り付けるインサイド用で、下2本がリバース状態で取り付けるアウトサイド用だ。元々付いていたスウッシュのサイズではリバース時に貧弱に見えてしまうため、全体のバランスを大きく変更しているのが分かるだろうか。

>>

パーツ取り付けの下準備

ソールに食い込むようなスウッシュのディテールを再現する

“リバーススウッシュ”カスタムにおける最大の見どころは、スウッシュの一部がソールに食い込むようなディテールだ。とは言えミッドソールのステッチ糸を外し、スウッシュを挟み込んで縫い直す手法は手間が掛かるだけでなく、その労力に見合った見た目の効果を得るのは難しい。ここでは新たに取り付けるパーツの一部を加工して、ステッチ糸を外さずにディテールアップするアプローチを紹介する。

25 リバーススウッシュ化する位置に新たなパーツを置いてバランスを再確認。ソールに食い込む深さは約2cm程。このままではミッドソールのステッチ糸を外して再び縫い直す必要があるため、パーツの一部を切り欠いて、ステッチ糸を外さずにスウッシュの一部がソールに食い込むディテールを再現していこう。

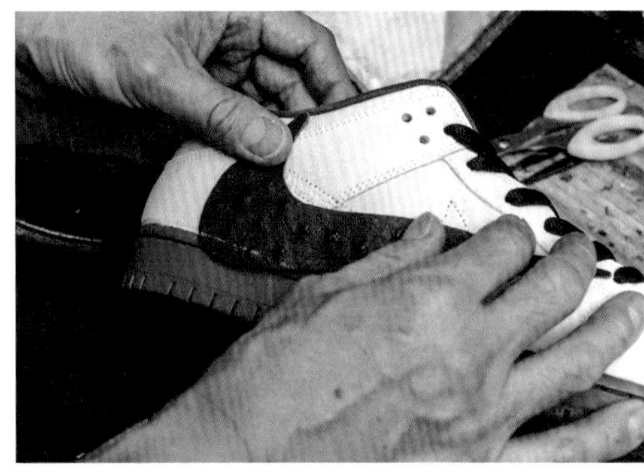

26 ミッドソールのラインに合わせてパーツにラインを引く。ここではパーツの色が濃いので目立つように銀ペンを使っているが、交換するパーツの色が明るい場合は市販のフリクションペンを使うと便利。フリクションペンのインキは60度以上になると透明になる特性があり、ヒートガンで綺麗に消すことが可能だ。

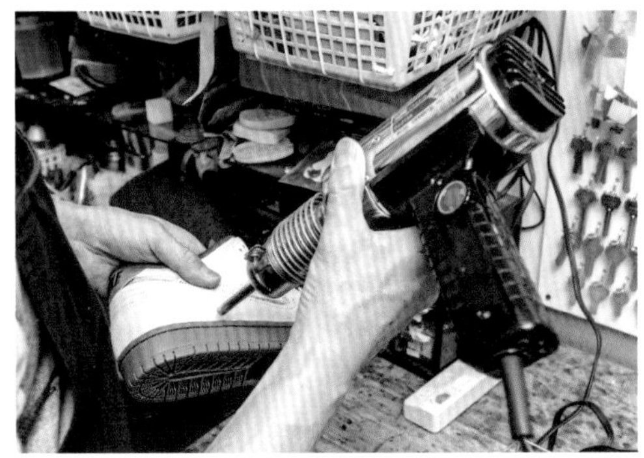

27 ステッチ糸はそのままに、スウッシュが食い込む部分のミッドソールの接着を剥がしていく。具体的にはパーツを差し込める程度の隙間を作る作業で、順としてはヒートガンで接着部分を熱し、接着剤を柔らかくする工程がスタートとなる。この際小さな部分に熱風を当てられるノズルがあると作業を進めやすい。

28 熱が伝わって接着剤が柔らかくなったら、ミッドソールにマイナスドライバーを差し込んで隙間を作っていく。発売されたばかりの新品スニーカーを使用する場合は接着強度は非常に強く、隙間を作るだけでも相応の労力を要するだろう。無理にこじ開けようとすると周囲の生地を傷めるので、状態を確認しながら慎重に対応しよう。

>>

取り付け用パーツの微調整

ソールに食い込む部分の厚さを調整して仕上がり時の見た目を向上させる

ミッドソールにスウッシュを食い込ませる箇所の隙間が確保できたら、パーツを実際に差し込み、仕上がりの状態を確認する。確認した限りではスウッシュの一部を切り欠くだけで作業を進められそうだが、プロショップの職人はパーツの厚さを調整するとミッドソールに生じる段差が目立たなくなり、仕上がりが美しくなると判断した。ここでは作業効率の向上と仕上がりの良さを目的にパーツの微調整を行っていく。

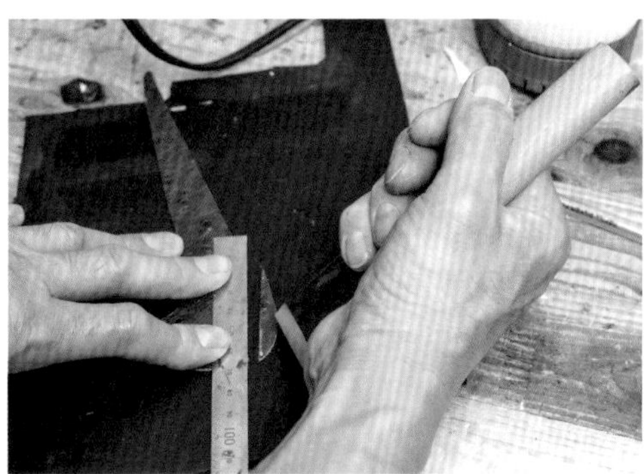

29 前工程でパーツに引いた銀ペンのラインを参考にして、埋め込み用の余白が数ミリ程度残るようにスウッシュが食い込む箇所をカットする。ここではステンレス定規と"革包丁(革裁包丁)"と呼ばれるレザークラフト用の工具を使用しているが、薄手の革素材であれば革包丁の代わりにカッターナイフでも対応可能だ。

30 ソールに食い込ませる部分を調整したパーツを、ソールに空けた隙間に差し込んでみる。このままでも作業を進めることも可能だが、パーツ(革)の厚みで差し込んだ部分の端に段差ができ、仕上がり時に段差が目立つ事も懸念される。ここではパーツにひと手間加え、より仕上がりが美しくなるように調整する。

31 革包丁でソールに差し込む部分の裏側から革をすき、完成時の段差が極力目立たないように補正する。この作業をカッターナイフで対応するのは難しく、革包丁を手に入れたとしてもある程度のスキルは必要となる。革包丁を用いて革をすく際には、使わないハギレ等で試して感覚を掴んだ後に作業を進めたい。

32 厚さを調整したパーツをミッドソールに差し込み、状態を再確認する。画像で伝えるのは難しいが、スウッシュを食い込ませた箇所の段差が目立たなくなり、パーツを差し込む作業そのものもスムーズになっている。ひと手間加えてパーツの厚さを調整した事で、仕上がりの美しさと作業の効率が向上したのだ。

>>

取り付け用パーツにステッチ処理を施す

発想の転換で"リバーススウッシュ"カスタムのハードルを下げる

スウッシュを交換するカスタムの場合、元々は縫い付けられていたパーツだから取り付ける際も縫い付けると考えるかもしれない。だが元通りのディテール再現にこだわるのであれば、スニーカーのライニング（内張り）を外し、縫い目が履き口から見えないように加工する必要がある。それは非常に高いスキルが要求される作業だ。しかし、スニーカーのカスタムを見た目のアレンジを楽しむ趣味と捉えれば、作業のハードルを大きく下げる事が可能となる。縫い目を付けたパーツを接着すれば良いのだ。

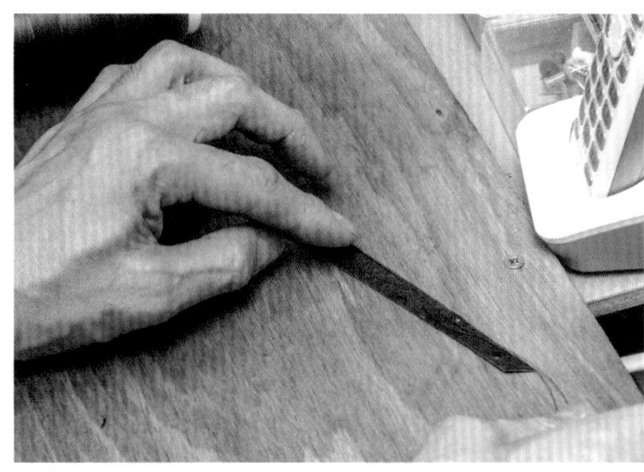

33 スウッシュに縫い付けるステッチ糸をセレクトする。今回はベースと同系色のブラウンを選択した。スウッシュを接着するだけでは強度が不安かもしれないが、最も強度が要求されるアッパーとソールの結合も接着剤を使うのが一般的な事からもわかるように、スニーカー用の接着剤で正しく接着すれば強度は心配ない。

34 今回は八方ミシンを使用してスウッシュにステッチ糸を縫い付けていく。八方ミシンとは同じ方向に縫い進める一般的なミシンとは異なり、四方八方に縫い進められるミシンである。複雑な形状のスニーカーやパーツをミシン縫いする際には必須のアイテムで、スキルの高いカスタマイズビルダーも憧れるプロ仕様のソーイングマシンだ。

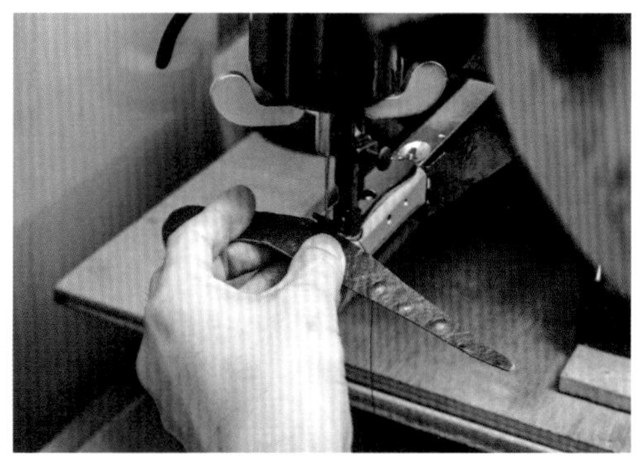

35 八方ミシンを使って手際良くステッチを施していく。八方ミシンが無い場合は少々時間が掛かるもののハンドステッチで対応しても技術的には問題無い。今回はパーツに似たカラーのステッチ糸を使用しているが、ステッチをデザインのアクセントとして活かすのであれば、地色と異なるカラーの糸を使うのも面白い。

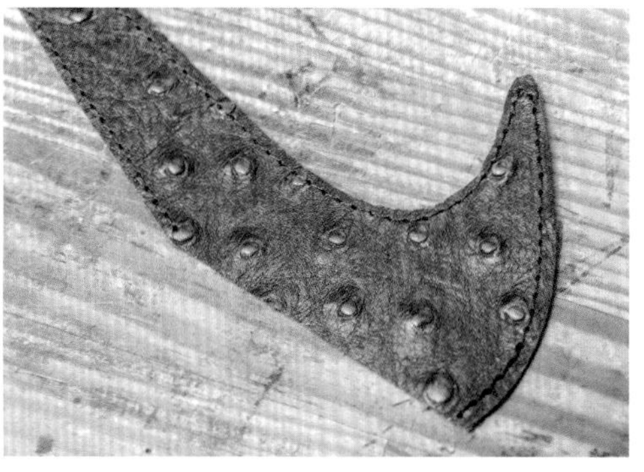

36 ステッチ処置を施したアウトサイドのスウッシュパーツ。八方ミシンを使うとステッチの間隔が均一になるのもメリットだ。この作業は強度目的ではなく、あくまで装飾用のステッチを施すのが目的なのでソールに埋め込む部分のステッチは省略している。反対足用のスウッシュにも同様にステッチを施しておく。

>>

取り付け用パーツにステッチ処理を施す

インサイド用に切り出した交換パーツの下準備

デザインを変更しないインサイドのスウッシュも接着剤で貼り付けるため、事前にステッチを施しておく。デザイン重視と割り切ってステッチを施さないのもひとつの選択肢ではあるものの、DUNKのようなオールドスクール系のスニーカーでは、パーツのステッチもデザインのアイコンとなるモデルが少なくない。カスタムスニーカーの満足度を高める観点から、労力に見合った効果が得られる工程は積極的に取り入れよう。

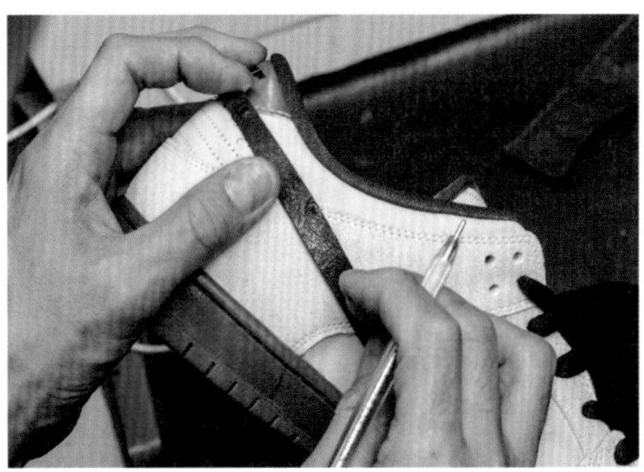

37 レザーバッグから切り出していたインサイド用のスウッシュをサイドパネルに合わせ、形状や長さ、カラーコーディネートの再確認を行っていく。今回の作例ではスウッシュの後端をヒールパーツに埋め込むのではなくパーツ同士が密着するように接着するため、パーツ後端のサイズは特に慎重に調整する。

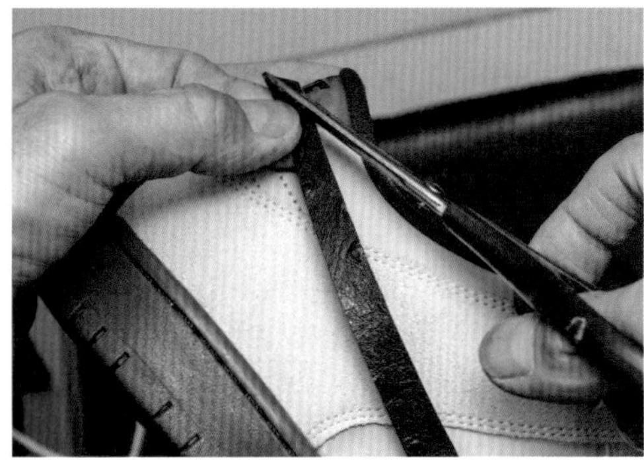

38 インサイドのスウッシュは最後に長さを調整する想定で、少々長めに切り出しておいた。そのパーツをスニーカーに合わせ、ヒールパーツのラインに合わせて銀ペンでラインを引いておく。接合ラインは微妙なカーブを描いていたので、直線に向く革包丁ではなく、レザー用のハサミでパーツ後端の余分な部分を切り落とした。

39 八方ミシンを使ってインサイドのスウッシュにもステッチを施していく。八方ミシンのメーカーと言えば国内の八方ミシン工業が有名だが、2013年に本体の製造を終了（メンテナンスサービス等は継続）している。現在流通しているのは海外メーカーの製品だが、プロ仕様のミシンであるため手頃とは言えない価格で販売されている。

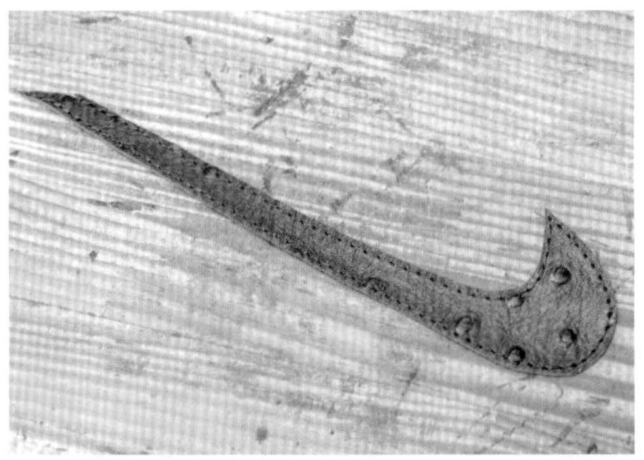

40 インサイド用のスウッシュにステッチを施した状態。パーツを構成する曲線とステッチのカーブを如何にして連動させるかが腕の見せ所だ。ヒールパーツに接する後端部分はパーツが重なっているようなディテールを演出するため、あえてステッチを入れていない。反対足も同じようにステッチを施せば準備完了だ。

>>

カスタムパーツの貼り付け

接着位置の確認にはフリクションペンが便利

アッパーに取り付けるパーツのカスタムが完了したら、取り付け位置の確認だ。元のスウッシュと同じ位置にパーツを貼るインサイド側は、サイドパネルに残るステッチ穴がガイドラインになるが、リバースさせるアウトサイドは参考になりにくい。取り付ける際に左右の位置がアンバランスになると見た目に大きく影響するため、レザークラフト愛好家が信頼を寄せるフリクションペンを使って接着位置を確認する。

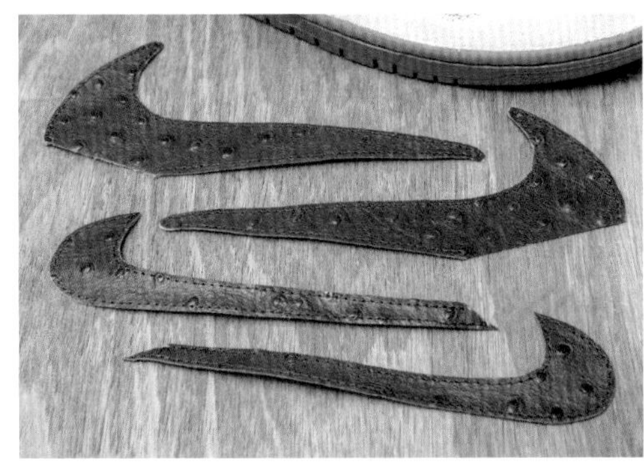

41 パーツの周囲にステッチを施した4本のスウッシュが完成した。元のレザーバックに使われていたオーストリッチ風の型押しが、見た目にアクセントを演出している。ここで紹介する作例では全てのパーツを同じカラーで統一しているが、インサイドとアウトサイドでカラーや素材を変更するのも面白そうだ。

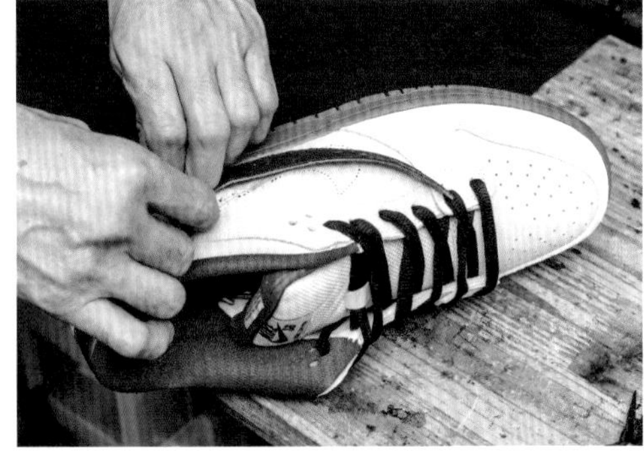

42 ソールの隙間にパーツを差し込んで位置を固定する。"リバーススウッシュ" カスタムでは、仕上がり時に元のステッチ穴の一部が露出するが、ここはカスタムスニーカーらしさを強調するポジティブなディテールとなる。近年ではカスタムスニーカーを意識して、ステッチ穴をデザインに活かした市販モデルも珍しくない。

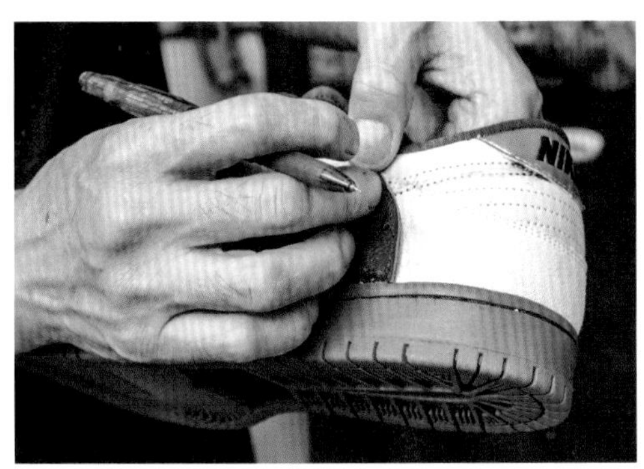

43 リバーススウッシュを貼り付ける位置を決めたら、パイロット社のフリクションペンを使ってアウトラインを引いていく。ヒートガン等を使って60度以上の熱を加えるとインキが消える特性は、表革やスエードなど表面の仕上げが異なっても同様であり、多くのレザークラフト愛好家がフリクションペンを使用しているそうだ。

44 アッパーのアウトサイドにフリクションペンでアウトラインを描いた状態。スウッシュをリバースさせるアウトサイドだけでなく、インサイドも同様にフリクションペンを使ってアウトラインを引き、接着の下準備を進めよう。ここで描いたアウトラインを参考に、スニーカー用のプライマーや接着剤を塗布して各パーツを接着していく。

>>

接着面のプライマー処理

接着面サンドペーパー処理も忘れずに

パーツの接着位置が確定したら、スニーカー本体と取り付けるパーツ双方の接着面にプライマーを塗布する。使用する接着剤によって適したプライマーが異なるので、購入時には接着剤の説明書等を必ず確認しよう。スニーカー用のプライマーは接着面にまんべんなく塗布して乾燥させると、接着剤の"食いつき"が格段に向上する。手間をかけて仕上げたカスタムスニーカーを実際に履いて楽しむために欠かせない工程だ。

45 パーツの接着面に筆や小さなハケを使用してプライマーを塗っていく。剥がれやすくなりがちなパーツの端は、塗り残しにならないように注意したい。市販のプライマーの中には蓋の裏に塗布用のブラシが付いている商品も発売されている。プライマーを塗った筆を洗浄する溶剤を必要としないのは初心者にとってメリットになり得る。

46 プライマーを接着面に塗り終えたら、ホコリなどが付着しにくい環境で乾燥させる。スニーカー用接着剤にはプライマーを必要としないタイプも発売されているが、そうしたタイプでもプライマーを塗って接着強度が低下したケースは確認されておらず、念のためプライマーを塗っておくのもひとつの選択肢だ。

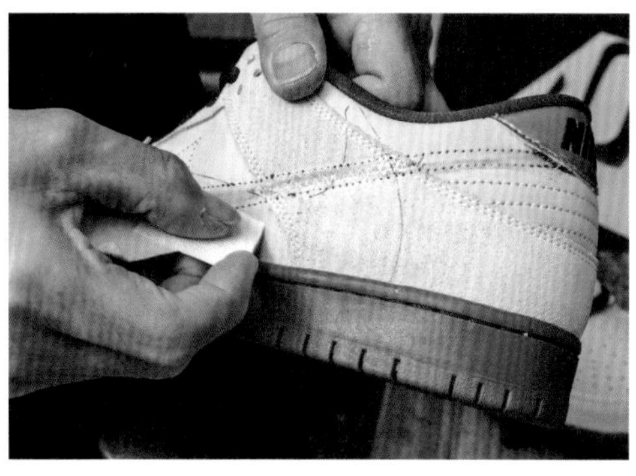

47 プライマーを乾燥させている時間を利用して、スニーカー本体側の接着面をサンドペーパーで処理しておく。スエード部分をサンドペーパー処理する必要性は低いものの、表革や毛足の短いヌバック素材は、サンドペーパーで表面を粗く仕上げるとプライマーや接着剤の食いつきが向上する。面倒でもひと手間かけるべき工程だ。

48 接着面のサンドペーパー処理が完了したら、ブラシでホコリを除去し、フリクションペンで描いたラインの内側にプライマーを塗布する。取材時にはやや太い筆で一気にプライマーを塗っていたが、接着面からはみ出した場合には乾燥時にそれなりに目立ってしまうので、慣れるまでは細めの筆で丁寧に作業しよう。

スウッシュの接着（インサイド）

スニーカー用接着剤の塗布は時間を気にせず慎重に

接着面のプライマーが乾燥したらスニーカー用の接着剤を塗っていく。スニーカー用として販売されている接着剤にもバリエーションがあるが、ソールの貼り替えにも使われるほど接着強度と耐久性が高いのは、一般的に乾燥後に圧着させるタイプである。また乾燥後にそのまま接着可能なタイプと、接着面をヒートガンで熱してから貼り合わせるタイプも存在するので、使用前に特性を必ず確認しよう。

49 乾燥したプライマーに塗り重ねるように、接着面の全体にスニーカー用の接着剤を塗っていく。パーツの貼り合わせは接着剤が乾燥した後に行うので、瞬間接着剤のように時間を気にしながら作業する必要は無い。パーツごとに貼り合わせるのではなく、全てのパーツに接着剤を塗っていくのが作業効率に優れている。

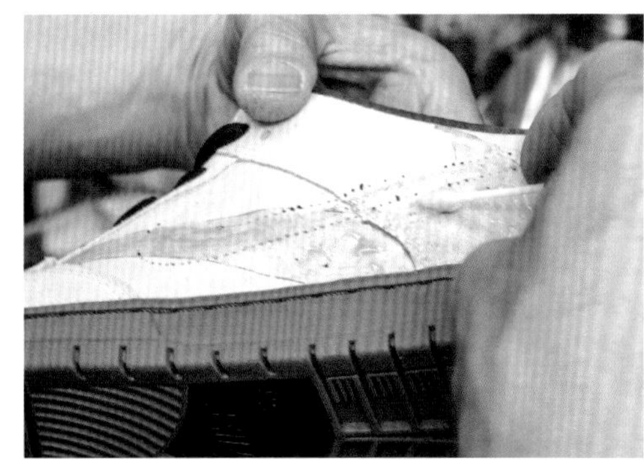

50 接着面の境界線をはみ出さないように、慎重に接着剤を塗っていこう。プロショップの職人は細かい箇所の作業に綿棒を使用していた。使い捨ての綿棒は作業後に洗浄する必要が無いので効率的だ。綿棒での細かい作業に自信が無ければ、少々勿体なさを感じるものの100均ショップの筆を使い捨てる方法もある。

51 スニーカー本体とパーツに塗布した接着剤が乾燥したら、いよいよパーツを貼り合わせていく。接着面に指を触れて接着剤が付着しなければ準備完了で、ステッカーの接着面を貼り合わせるイメージだ。パーツの前端と後端のどちらから貼り合わせるかについての正解は無く、違和感なく作業できる順序で進めよう。

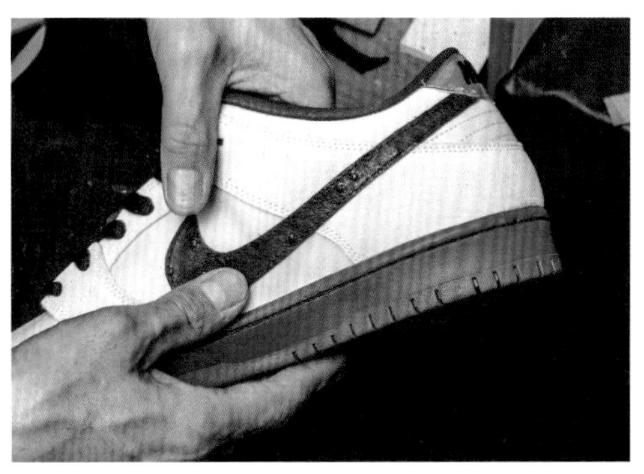

52 インサイドのスウッシュを貼り終えた状態。パーツが浮かないようにしっかりと圧着できれば、糸で縫い付けたように仕上がるはずだ。もし実際にパーツを糸で縫い付けた場合は、比較にならない程の労力と時間を費やすのは必至。接着後の仕上がりを見ると、縫い付けるだけが正解ではない事を実感するハズだ。

>>

スウッシュの接着（アウトサイド）

下準備が完璧ならばリバースウッシュの接着もスムーズになる

インサイドのスウッシュの作業が完了したら、アウトサイドの“リバーススウッシュ”を貼り付けて完成だ。このカスタムのキモとなる作業であるものの、ミッドソールにパーツの一部を食い込ませる以外、基本的な流れはインサイドと同様となる。左右の接着位置やプライマーと接着剤の塗布が完璧であれば、作業上のハードルを感じる事も無いだろう。はやる気持ちを抑え、丁寧にパーツを貼り合わせよう。

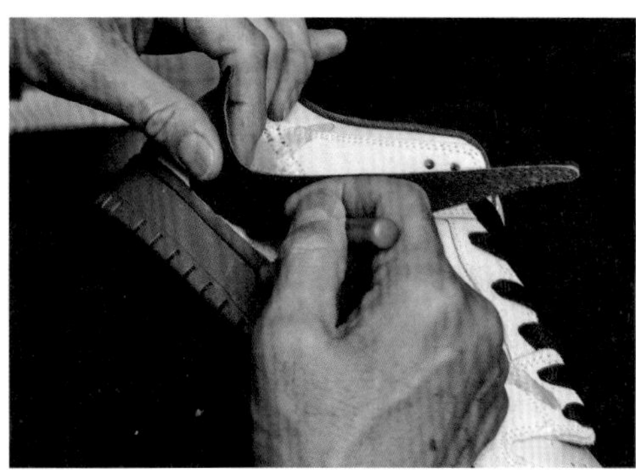

53 シューズ本体とパーツの両方とも、接着面を指で触って接着剤が付着しない程度に乾燥したら、いよいよリバーススウッシュを貼り付けていく。まずはパーツをソールに食い込ませる箇所に作った隙間をマイナスドライバー等で広げ、スウッシュを差し込んでいく。差し込む以外の部分を押し付けると接着してしまうので慎重に。

54 スニーカー本体にリバーススウッシュを貼り終えた状態。本体に残るオリジナルのステッチ穴とリバーススウッシュの対比が、カスタムスニーカーらしさを強調する仕上がりだ。接着剤を塗布する際のガイドとしたフリクションペンのラインは、この状態でヒートガンで熱を加えてやれば完全に消すことができる。

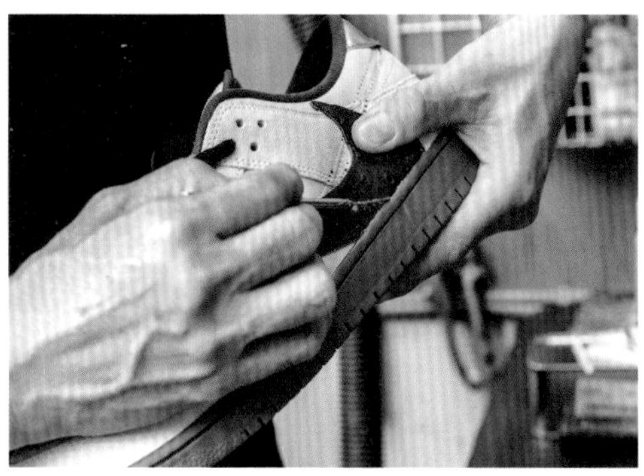

55 リバーススウッシュの貼り付け後、ケガキ針などを使ってソールとパーツの隙間に接着剤を詰めていく。このひと手間が実際にカスタムスニーカーを着用した際に、不要な隙間を生じさせてしまうリスクを軽減させる。見た目だけでなく履いて楽しむスニーカーに仕立てるには避けては通れない大切な工程だ。

56 カスタムが終了したスニーカーのバランスを確認する。この段階でスウッシュの位置にズレが生じた場合は、ヒートガンで熱してやるとパーツを剥がす事が可能だ。実際にパーツを縫い付けるカスタムに比べ、失敗した時のリカバリーに対応しやすいのも、“リバーススウッシュ”カスタムのメリットと言える。

>>

リバーススウッシュカスタムの完成

誰もが知る人気ディテールを搭載した世界に1足のスニーカー

"リバーススウッシュ"を搭載するスニーカーはストリートでも圧倒的な存在感を醸し出す。ここで作例を紹介した1足も、街で履けば多くのスニーカーファンを振り返させるに違いない。その人気ディテールを、パーツを接着すると言うアプローチを用いて誰もが楽しめるカスタムレシピに仕立てたのは、カスタムスニーカー愛好家にとっても斬新に映ったのではないだろうか。スニーカーリペアでは名の知れた『リペア工房Amor』は、カスタムスニーカーでも頼りになるプロショップだった。

CUSTOMIZE BUILDER INFORMATION

リペア工房Amor(アモール)

〒264-0005
千葉県千葉市若葉区千城台北1丁目1-9
オーシャンクリーニング本店内
TEL:043-309-4017
営業時間:10:00〜13:30
14:30〜18:00
定休日:毎週水曜　その他不定休あり

http://www.rs-amor.sakura.ne.jp/

※問い合わせは公式Webサイトの問い合わせフォームやメールにて連絡のこと。

ストリートで「それ何ですか?」と何度声をかけられるのか試したくなる

ONE POINT REDESIGN

NIKE SB DUNK LOW PRO “MUSLIN”

CASE STUDY
#09
ALL UPPER CUSTOM

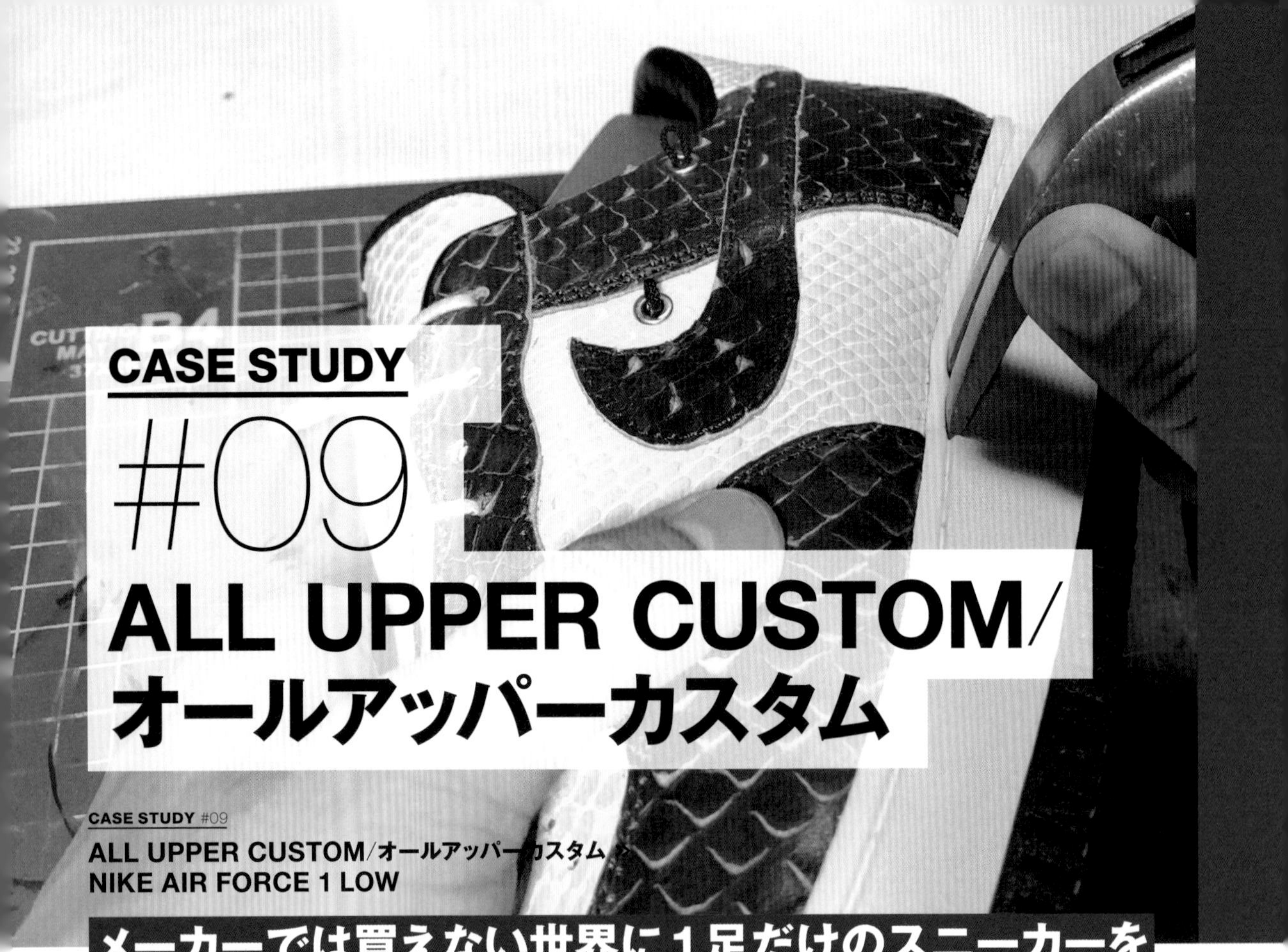

CASE STUDY #09

ALL UPPER CUSTOM/オールアッパーカスタム

CASE STUDY #09

ALL UPPER CUSTOM/オールアッパーカスタム ≫ NIKE AIR FORCE 1 LOW

メーカーでは買えない世界に1足だけのスニーカーを市販の革素材から作り出す

世界中で自分だけが所有するスニーカーを履く事は、多くのスニーカーファンが憧れる究極の贅沢だ。
NIKEにはアッパーを構成するカラーや素材を自分で選び、一度製作されたデザインは再オーダーが不可能となる“BESPOKE（ビスポーク）”も存在するが、現在は海外の限られたショップでのみ提供されるサービスで、そう簡単にオーダーできる代物ではない。そうした現実を踏まえながら、世界に1足のスニーカーへの欲求を極限まで追求すると“本当に特別なスニーカーは自分自身で作るしかない”という答えに到達する。その答えを現実なものに叶えてくれるのが、市販されている革素材からスニーカーのアッパーを作ってしまう“オールアッパー”である。
ここからはInstagramで活躍するカスタマイズビルダーを取材して、究極のスニーカーカスタム“オールアッパー”の製作工程をレポートする。

取材協力：@ ch500usmade

主な取得スキル

■型紙の作成 P.100
■パーツの切り出しと仮止め P.102
■オーバーシューレースの追加 P.104
■ライニングの切り出し P.116
■クッション材の取り付け P.123
■先芯の取り付けと本吊り込み P.130
■オパンケ製法によるソールの取り付け P.137

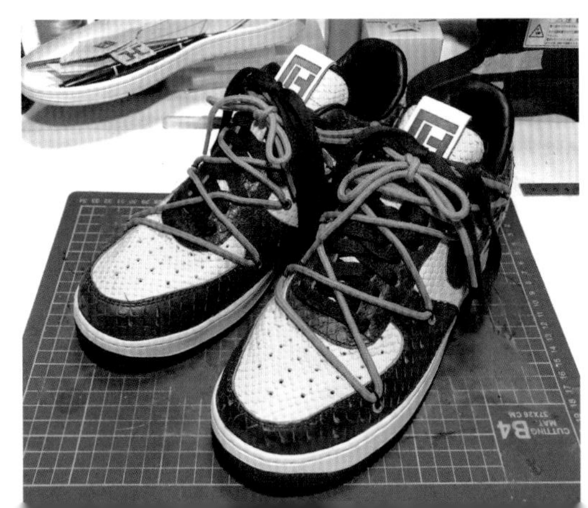

型取り用スニーカーの解体

制作するスニーカーと同モデルのアッパーを解体して型紙を作る

スニーカーのアッパーそのものをリデザインする究極のカスタム“オールアッパー”では、カスタムの方向性が決まったら、素材からパーツを切り出す工程からスタートする。パーツを切り出す際の“型紙”も、スポーツブランドが公式型紙を発売するハズも無く、基本的には型紙も自分自身で作成するのが前提だ。ここではローカットモデルのAIR FORCE 1を解体して、カスタムに必要な型紙を自作する。

01 今回の作例で型紙製作用に準備したのはローカットのAIR FORCE 1。ソールユニットは既に外している。NIKEに限らず、多くのスニーカーではサイズによってパーツのバランスが調整されているので、オールアッパー用の型紙を製作するにはモデルだけでなく、完成時のサイズと同じアッパーを用意する必要がある。

02 解体した際にもパーツが重なる位置が確認できるように、アッパーにスニーカー用の塗料をペイントしていく。ここではブラックカラーがベースなので白い塗料を使っている。あくまでパーツを組み合わせる際のガイドライン目的なので丁寧に塗る必要は無いが、パーツの境界線はしっかりと着色しておこう。

03 アッパーに縫い付けられたインソールを、デザインナイフで縫い糸を切り取るように外していく。型取り用に解体するスニーカーは新品である必要は無いが、使い込んで強いシワが入っていると型取りの際に歪んでしまうリスクが生じるため、少々勿体ないがコンディションの良いアッパーを用意する方が賢明だ。

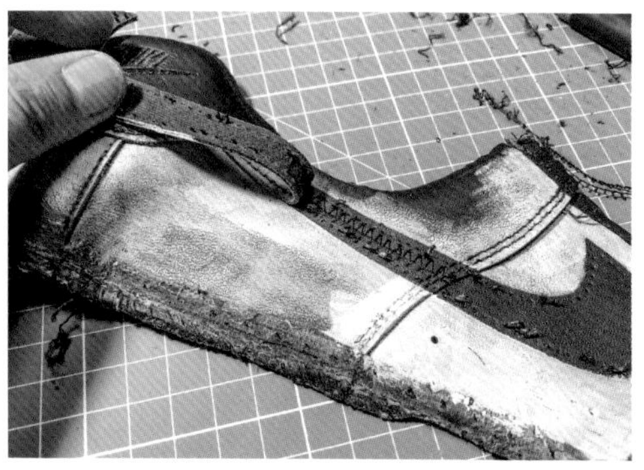

04 解体したAIR FORCE 1のスウッシュに隠れていたヒール周りのオリジナルパーツは外見上からは1枚のパーツに見えたものの、実際に解体してみると上下に分割され、縫い合わせたパーツを使用していた。ここを1枚のパーツに置き換えても特に問題は無いと判断し、型紙ではパーツ分割のディテールは省略している。

アッパーを構成するパーツの型紙作成

ステッチ穴も含め解体したパーツから型を転写する

メーカーから公式の型紙が発売されていない以上、オールアッパー用の型紙は自作するしかない。と言うのは建前で、現実的には型紙を販売している海外のカスタムスニーカーブランドがいくつか存在する。中には繰り返しの使用に耐えるアクリル板の型紙も発売されているものの、それらの商品に関する著作権の裏取りが出来なかったため、カスタムを目的に購入する際は自己責任で判断頂きたい。

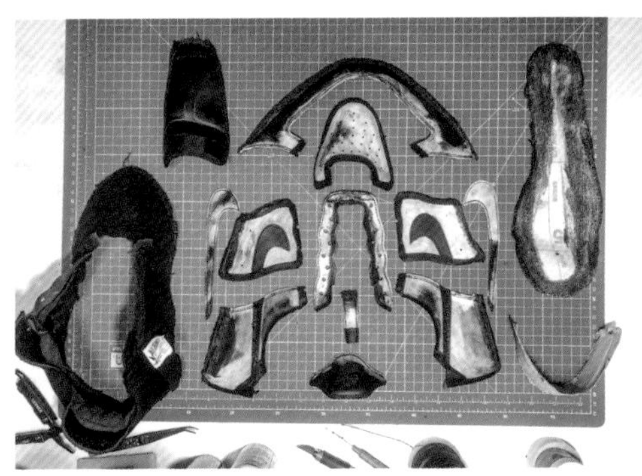

05 AIR FORCE 1のアッパーを解体した状態。展開図のような絵面は、カスタマイズビルダーの意欲をかき立てるハズだ。15のパーツに分解したパーツのうち、シュータンやライニング（内張り）は別途工程が必要となるので、先ずはトウボックスやヒールパーツなど、革素材から切り出すパーツのオリジナル型紙を製作していこう。

06 分解したパーツを厚紙に乗せ、細いペンでアウトラインの型取を行う。使用する紙は画用紙でも可能だが、作成した型紙は何度も繰り返して使用する前提なので、耐久性に優れる紙を使うのが賢明だ。また手芸店で販売される型紙用の"ハトロン紙"は、既存の型紙をトレースするための薄手の紙なので、今回の作例には適さない。

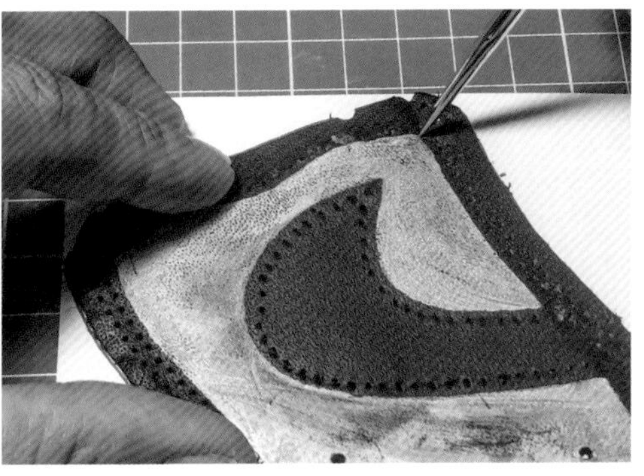

07 パーツの合わせ目に千枚通しを通し、型紙にも穴を空けていく。オリジナルのスニーカーと同じピッチでパーツを縫い付ける必要は無いかもしれないが、アッパーに施されたステッチはオールドスクール系スニーカーらしさを演出するアイコンだ。その目安を型紙に記録するのは、後の工程で役立つ事もあるだろう。

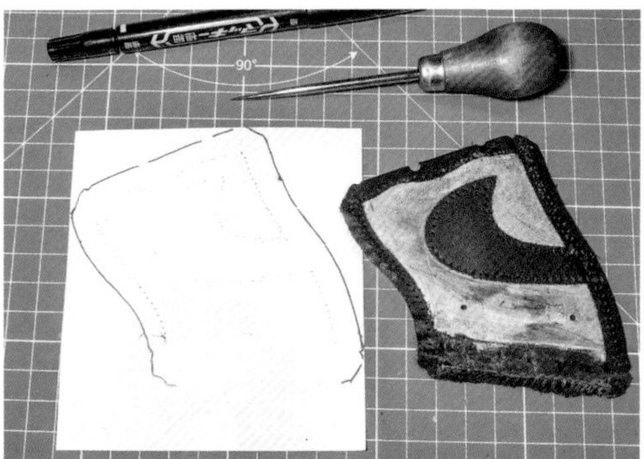

08 型紙にパーツのディテールを写した状態。この後にアウトラインに沿って厚紙を切り抜けば、パーツ1つ分の型紙の完成となる。千枚通しで空けたステッチ穴は、穴を繋ぎ、ある程度のライン状になるように細く型紙を切り抜いて、ステッチを施す箇所をパーツに記すガイドになるように加工しておこう。

>>

パーツを切り出す革素材に型を転写する

パーツのカラーコーディネイトもセンスの見せ所

型紙の準備が整ったらパーツを切り出す素材に型紙を並べ、個々のディテールを転写していく。今回は高級感を醸し出すスネークスキン風の型押しレザーを使用し、ネイビーとイエローを組み合わせて鮮やかなコーディネイトに仕立てる予定だ。さらにカラーの濃淡も仕上がり時の印象を左右するため、今回は黒に近い濃紺の革素材をセレクト。大胆なルックスの中にシックな印象を演出するカスタムスニーカーを製作する。

09 アッパーを構成する配色のイメージが固まったら、パーツを切り出す素材の上に型紙を並べていく。ここで紹介する作例では、トウガードやスウッシュ、ヒール周りのパーツ、そしてシューレースを通すアイレットをネイビーに仕上げていく。パーツを切り出した後のハギレを少なく抑えるためにも、無駄の無いように型紙を配置しよう。

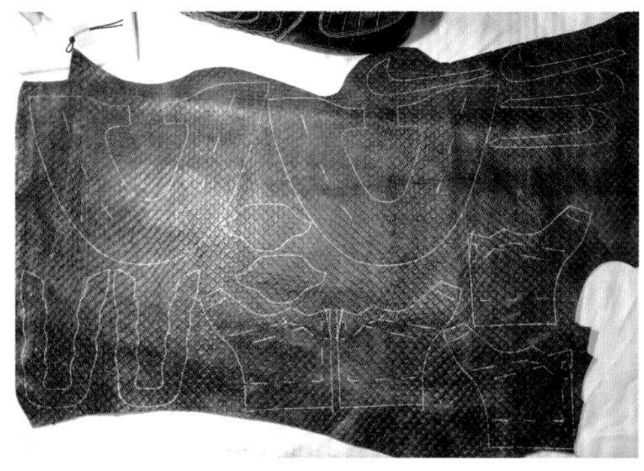

10 ネイビーのレザーにレザークラフトで使用される"銀ペン"で両足分の型を転写した状態。ヒールサイド部分は片足ごとに左右対称のパーツが必要なので、1枚の型紙を用いて表裏の計4回の型取りを行っている。パーツの合わせ目ラインにも銀ペンでラインを引き、パーツ合わせのガイドラインとして活用する。

11 今回の作例ではトウキャップとサイドパネルの中央部にイエローのパーツを配置して、アッパーに鮮やかなコントラストを描き出す。イエローの型押しレザーに型紙を並べ、銀ペンやフリクションペンで型取りする。取材したカスタマイズビルダーは、Schreibger社の"Schneider K1"を使用していた。

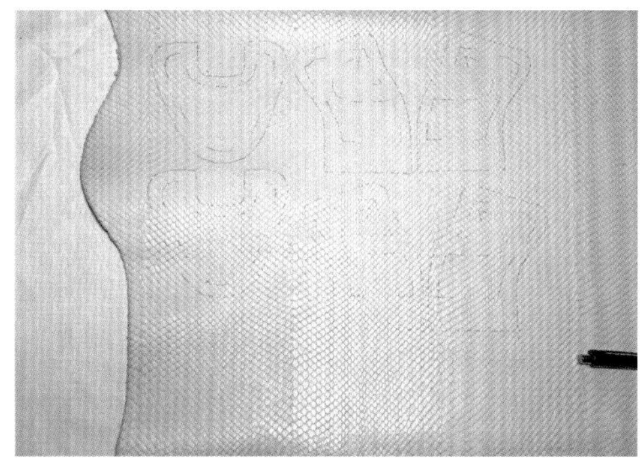

12 イエローの型押しレザーに、両足分のパーツディテールを写した状態。この素材からは6枚のパーツを切り出すが、使用する型紙は2枚のみだ。オールアッパー用の型紙は使用回数が多く傷むスピードも速いため、型紙を作り終えたらコピーを取る等の対応を取り、いつでも複製できるようにしておくと安心だ。

››

パーツの切り出しと仮止め

天然ゴム系の接着剤を使い完成時のイメージを掴む仮止めを行う

革素材に型を写し終えたらパーツの切り出しと仮止めに進もう。革素材からパーツを切り出す工具にはレザークラフト用のハサミや革包丁があるが、パーツが曲線で構成されているスニーカーの場合にはハサミをメインで使う事になるだろう。デザインによっては完成時にパーツの断面が表面に露出する場合があるので、市販のハサミ研ぎ器で切れ味を保ち、シャープな断面に仕上がるように準備を整えておこう。

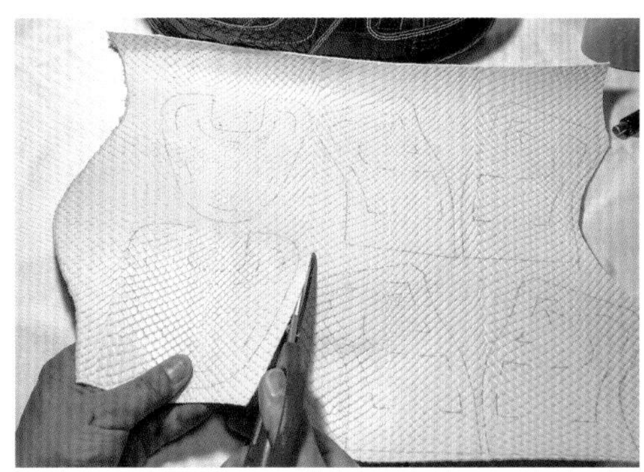

13 革素材からパーツを切り出していく。いきなり型紙で描いたラインに沿って切り進むのではなく、余白を残して大まかに切り出してから、改めてラインに沿って切り出していく。レザークラフトでは基本となる作業であり、オールアッパーに挑戦するレベルのカスタマイズビルダーには改めて説明する必要は無いだろう。

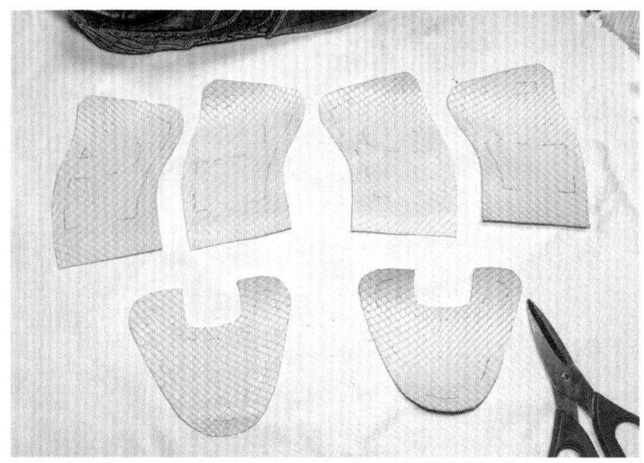

14 両足のイエロー部分のパーツを切り終えた状態。多少の誤差は“味わい”として許容すべきではあるものの、余りに左右のパーツ形状が異なっては仕上がり時に歪みを生じさせてしまう。切り出したパーツを重ね、修正すべき箇所があればこの段階で対応しよう。同様にネイビー部分のパーツを切り出したら仮止めに進もう。

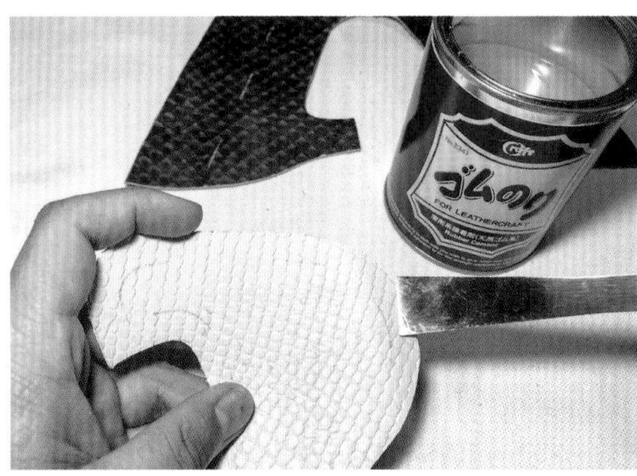

15 パーツに記したガイドラインを参考に、切り出したパーツをクラフト社の革工具“ゴムのり”で仮止めする。この革工具“ゴムのり”は天然ゴム系接着剤としては接着力が弱く、仮止めに適した特性を持つ接着剤として知られる商品。ホームセンターやAmazonでも購入可能であり、手ごろな価格もポイントだ。

16 “ゴムのり”は接着する両面にヘラ等で薄く塗り広げて使用する。ある程度の接着力を出したい際には接着面をサンドペーパーで処理すると良いが、この工程はあくまで仮止めなので下処理無しに塗り広げて問題ない。ここでしっかりと接着させるのであれば、スニーカー専用の接着剤を使う事をお勧めしたい。

>>

アッパーを構成するパーツの仮止め

三層構造で高い強度を確保する芯材を作成する

切り出したパーツを仮止めした後に、アッパーとライニングの間に挟み込む“芯材”を作成する。この芯材はアッパー素材の裏打ちに使用するもので、市販のスニーカーに使われるレザーに比べ、薄く、柔らかいレザーをカスタムスニーカーの素材に利用可能にするメリットを生む。一般的な市販スニーカーには無いディテールではあるものの、デザイン重視でレザー生地を選ぶ際には必須となる工程だ。

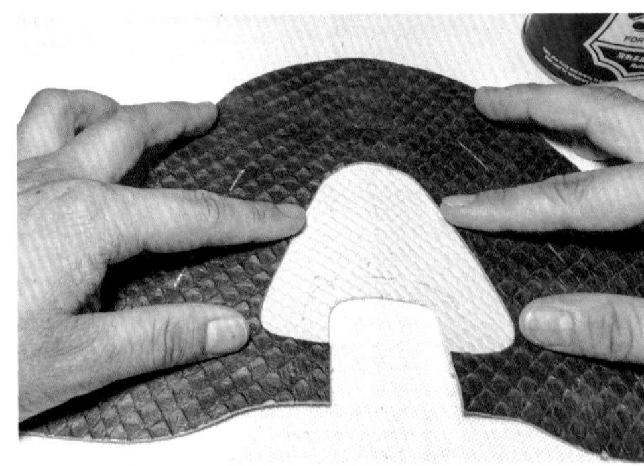

17 ゴムのりを塗った部分を貼り合わせ、アッパーの仮止めを行っていく。この作例では型押しディテールの大きさが異なる素材をセレクトしており、パーツを合わせた時にカラーだけでなく、ディテールの違いがコントラストを描くのが確認できる。経験豊富なカスタマイズビルダーならではの、参考にすべきアイデアだ。

18 続いてつま先からヒールサイドまでのパーツを仮止めする。サイドパネルのスウッシュこそ取り付けられていないが、全体のカラーコーディネイトを確認する事ができるだろう。同様の工程を反対足のパーツにも行い、仮止めが完了したら、アッパーとライニングの間に挟み込む“芯材”の製作に取り掛かろう。

19 ここで紹介する作例では、アッパーの芯材に牛の床革（とこがわ）を使用する。床革とは革の表面を取り除いた素材で、厚みのある革素材でありながら比較的リーズナブルな価格で購入できるのが特徴だ。レザー系に強いクラフトショップであれば、表面に樹脂やフィルムを貼って強度を高めた床革も販売されている。

20 床革に仮止めしたパーツを乗せ、銀ペンを使用してディテールを転写する。芯材はスニーカーの表面には露出しないパーツだが、デザインを写す際に歪みが生じると、完成時に部分的に強度が劣るリスクとなる。ラインを引く時にパーツがずれないよう、片手でしっかりと押さえながら作業を進めるのをお忘れなく。

>>

オーバーシューレースの追加

デザインにアクセントを演出する人気ディテールを搭載する

ここで紹介する作例の目玉が、AIR FORCE 1のデザインに追加するオーバーシューレースである。オーバーシューレースとは本来のシューレースの上に通す第二のシューレースで、一部のアウトドアシューズに採用されていたディテールだ。そのオーバーシューレースをストリート用のスニーカーに取り入れたNIKEとOFF-WHITEのコラボモデルは話題を集め、2019年のトピックとなったのも記憶に新しい。

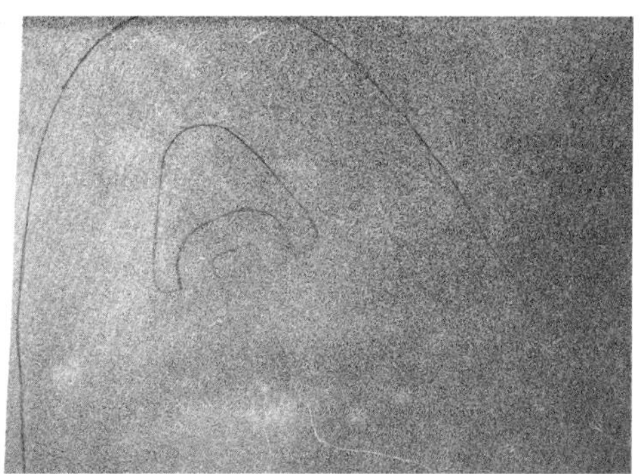

21 床革にパーツのアウトラインを転写したら、製作した型紙を参考に、つま先部分にトウキャップのディテールを転写する。芯材を取り付ける際、素材が厚くなりすぎて履きやすさを損なうのを防ぐため、トウキャップを切り抜く目的がある。この作業が完了したら芯材製作を一旦終了して、オーバーシューレースの取り付けに進んでいく。

22 アッパーにオーバーシューレース用のアイレットとループを追加する。その位置をデザインするため、他のAIR FORCE 1にロープ状のシューレースを配置して、アイレットにあたる部分をマスキングテープで固定していく。OFF-WHITEのコラボモデルを彷彿させるデザインを目指すのであれば、ロープ状のシューレースは必須アイテムだ。

23 アイレットを空ける位置が確定したら、マスキングテープに油性ペン等で位置を示すポイントを描く。同時に周囲のパーツの接合ラインもマスキングテープに転写しよう。アッパーのパーツが重なる部分は素材が厚く、穴が空けにくくなる可能性があるので、デザインが許すならばパーツが重ならない箇所にアイレットを設定しよう。

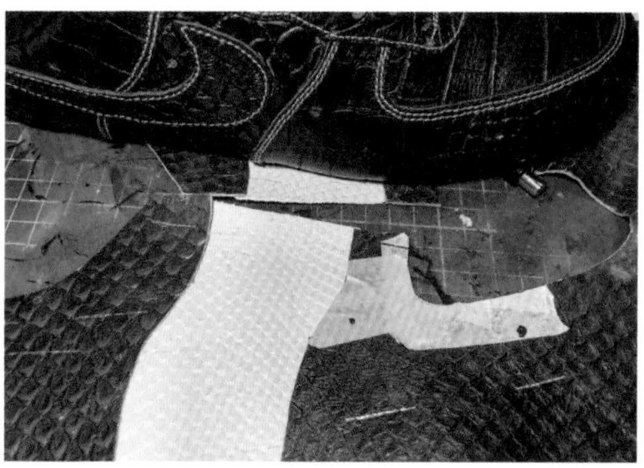

24 油性ペンでアイレットの位置やパーツの接合ラインを描いたマスキングテープを剥がし、オールアッパー用に製作中のパーツに貼りなおす。この際、マスキングテープに描いておいたパーツの接合ラインが、貼りなおす位置のガイドラインとして活躍してくれる。今回は片足で計8箇所のオーバーシューレース用アイレットを製作する。

>>

オーバーシューレース用のアイレットを空ける

専用工具を使えば加工は簡単

オーバーシューレース用のアイレットを空ける場所が確定したら、ホームセンターやAmazonでも購入可能な専用の工具を使い、パーツに穴を空けていく。その気になれば専用工具を使用しなくても穴を空けることは可能だが、専用工具を使うと穴の断面がシャープに仕上がり、同じ大きさの穴を複数空けるのも非常に簡単。さらに工具自体が比較的安価で購入と、オールアッパーカスタムに使わない理由は見当たらない。

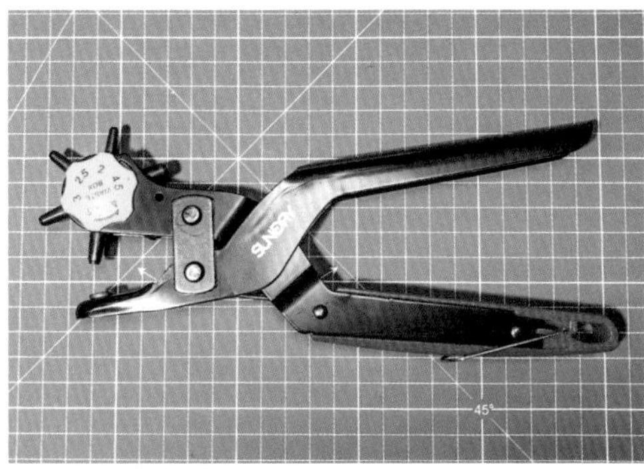

25 今回の作例を担当したカスタマイズビルダーが使用していた、SUNDRYブランドのロータリーレザーパンチ。穴を空ける位置が限られるという欠点があるものの、回転するパンチ刃で6種類の大きさの穴を簡単に開ける事が可能な優れものだ。ネットショップであれば本体価格が1000円前後と安価なのも魅力的。

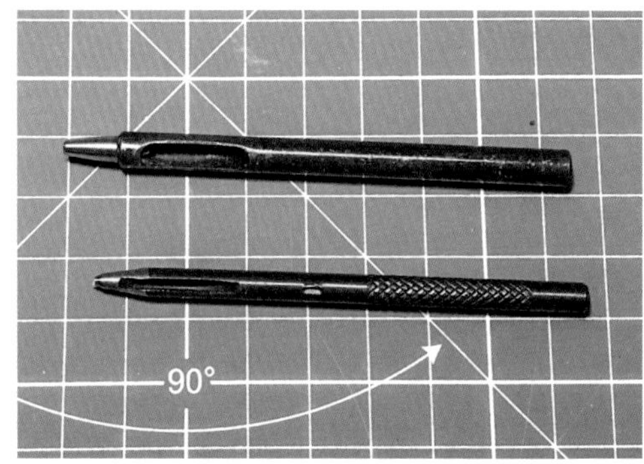

26 レザークラフト愛好家が信頼を寄せる"ポンチ"も、正確なアイレットを空ける事が可能なアイテムだ。カッティングマットの上に革パーツを置き、空けたい径のポンチを当ててゴムハンマーで叩いてやると気持ち良いほど美しく、正確なアイレットが空けられる。数種類の径がセットになったポンチでも数百円から購入可能だ。

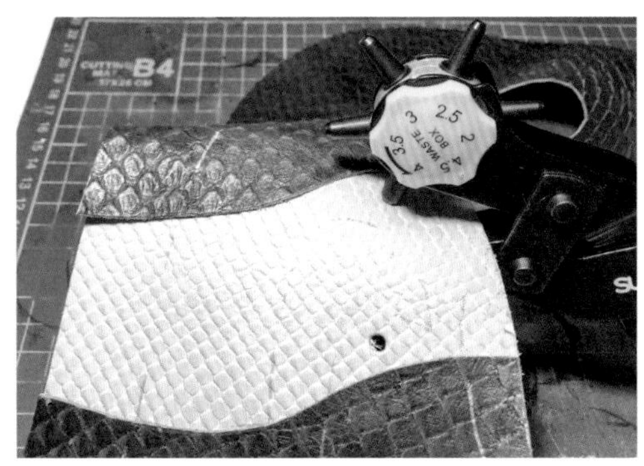

27 今回の作例ではロータリーレザーパンチを使用して、直径4mmのアイレットを空けていく。目印を付けたマスキングテープを貼ったままアイレットを空けるのではなく、千枚通しでレザーパーツに印を付け、マスキングテープを剥がしてからロータリーレザーパンチを使用するのを忘れずに。そのひと手間が精度を向上させるのだ。

28 レザーパーツにオーバーシューレース用のアイレットを空けた状態。ロータリーレザーパンチを使った作業では、構造上の都合からパーツの中央部分に穴を空けるのが難しくなる。ロータリーレザーパンチを使用する際にもポンチを準備して、穴を空ける場所やパーツの形状に応じて使い分けよう。

アイレットにハトメを取り付ける

メタルパーツがデザインのアクセントとしても映える

オーバーシューレース用のアイレットにメタル製のハトメを取り付ける。このアイレットは仕上がり時に大きな負荷が掛かる部分ではないのだが、アウトドアシューズにも使用されるオーバーシューレースだけに、タフな印象を醸し出すメタル製のハトメはデザイン的に相性の良いディテールと言える。ここでは内径4mmのシルバーカラーのハトメを、専用の"打ち具"を使用してレザーパーツに取り付けていく。

29 ここで使用するのは内径4mmの"片面ハトメ"だ。パッケージには外径（ここでは8mm）も表記されているが、空けた穴の直径とハトメの内径を合わせるのが基本になる。このハトメにはシルバーカラー以外にも、ブラックやゴールドも発売されている。あえて目立つハトメを選び、デザインのアクセントとして活かすアプローチも正解だ。

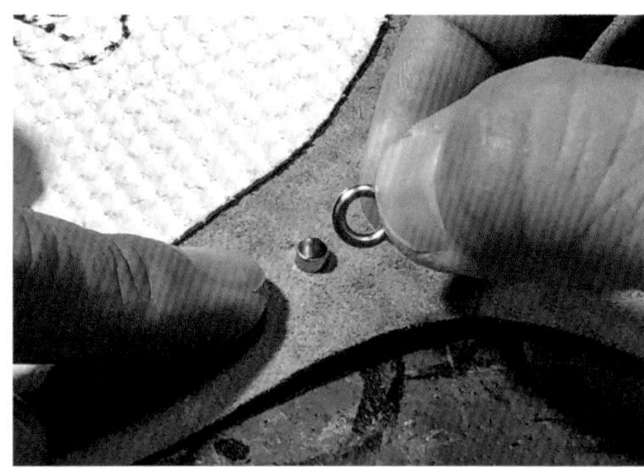

30 片面ハトメの場合、凸状になったパーツをレザーの表面から差し込み、レザーの裏面からリング状のパーツを専用工具で組みつけ（カシメる）てやる。この際に表裏の取り付けを間違えると、いかにも"裏側"というディテールに仕上がるので注意しよう。革の表裏でハトメを露出させるカスタムには"両面ハトメ"を使用する。

31 裏面から"片面ハトメ用打ち具"をあて、ハンマーで叩いてカシメていく。この打ち具は使用するハトメ専用のサイズを用意する必要があり、ここで使用しているのも外径8mm、内径4mm用の打ち具になる。ハトメを取り付ける工具にはペンチ状の"ハトメパンチ"もあるが、そちらもサイズを合わせる必要があるので注意しよう。

32 片面ハトメを取り付けた状態。ベースとパーツのカラーコーディネイトを確認し、残りのアイレットにもハトメを取り付けていこう。作業としてはシンプルかつ短時間な工程になるものの、その仕上がりは市販のアウトドアシューズのメタル製ハトメに勝るとも劣らない。スニーカーのカスタムにも積極的に活用したくなるディテールだ、

>>

CUSTOMIZE SKILL

トウキャップにベンチレーションホールを空ける

快適な着用感を達成するために欠かせない工程

切り出したトウキャップ部分のパーツに、オールドスクール感を醸し出すベンチレーションホール（通気孔）を空けていく。文字通りシューズの内側にこもりがちな湿気を排出するために空けるディテールで、レトロな見た目を演出するだけでなく、快適な着用感を持つカスタムスニーカーを完成させるために欠かせない工程だ。先に製作した芯材のトウキャップ部分を切り抜くのも、通気性を確保する意味を有しているのだ。

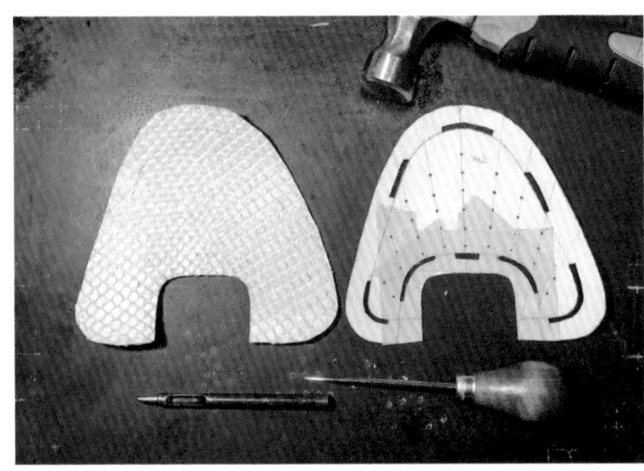

33 パーツを切り出す際に使用した型紙で、トウキャップにベンチレーションホールを空けていく。この工程に必要なのは、切り出したパーツと型紙、ポンチ、ハンマー、千枚通し、カッティングマットである。予め型紙に解体したAIR FORCE 1のベンチレーションホールの位置を写しておき、その位置を参考にして作業を進めていこう。

34 レザーパーツに型紙を重ね、千枚通しを使用してベンチレーションホールを空けるべき位置を写していく。穴を空ける位置はオリジナルに準じる必要は無いのだが、その配列はモデルによって異なるケースが少なくない。"スニーカーの指紋" 的なディテールなので、オリジナルに準じる方が仕上がり時に収まり良く感じるかもしれない。

35 ベンチレーションホールの位置を写し終えたら、ポンチを使って穴を空けていこう。千枚通しで記したポイントにポンチを当て、ハンマーで叩くと気持ちよく穴が空いてくれる。この工程で使用するポンチの径は1.5mmから2mm程度が良いだろう。取材したカスタマイズビルダーは2.1mmと大きめのポンチを使用していた。

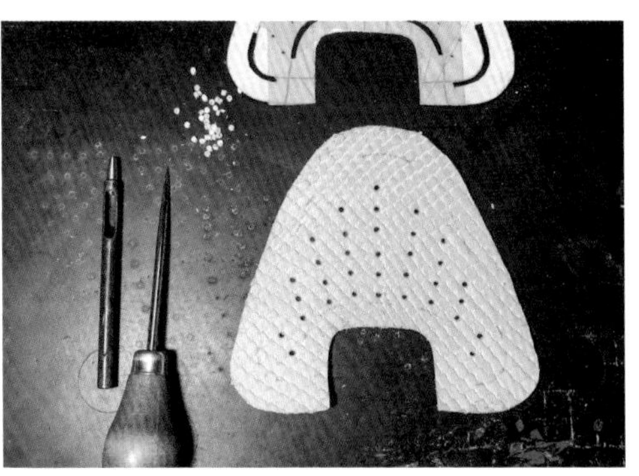

36 トウキャップ用のレザーパーツにベンチレーションホールを空けた状態。この工程で、いかに美しい放射状にベンチレーションホールを配置できるかによって、完成時の見た目が大きく左右される。まさにカスタマイズビルダーの腕の見せ所だ。引き続き残る片足用のパーツにも、ベンチレーションホールを空けていこう。

>>

オーバーシューレース用ループの作成

オーバーシューレースらしさを際立たせるディテール

トウキャップの準備が整ったら、ハトメにオーバーシューレースを通すループを取り付けていこう。オールアッパーカスタムの場合、シューレースはアッパーに空けたアイレット（シューレースホール）に通すディテールを採用するのが一般的で、ここで取材した作例のように、ハトメにループを設置するアプローチはレアディテールと言えるだろう。ただ、知識として身につければアイデアの引き出しが増えるのは間違いない。

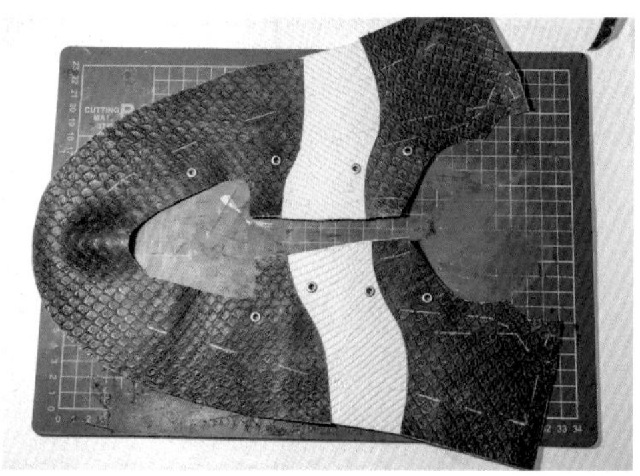

37 今回の作例では左右それぞれ8箇所のハトメにループを設置する。完成時に表面に露出するディテールであり、後から交換するのが難しい箇所になるため、ループに使用するコードの太さやカラーを慎重に検討する必要がある。今回はベースカラーに使われているブラックのナイロンコードを使用した。

38 適当な大きさのコインを使って、革のハギレにループの基部になるパーツの型を描いていく。完成時にほぼ隠れてしまうパーツなので真円に切り出す必要は無く、ある程度の大きさで揃えるだけで特に問題は無い。ただ、明るいレザーを使うとハトメの奥で目立ってしまうため、ダーク系のカラーをセレクトすると安心だ。

39 レザー用のハサミを使って切り出したパーツに、ポンチや千枚通しでコードを通す穴を空けていく。ここではパーツの中央に約2mm、その上下に約1mmの穴を空けていった。穴の径はコードの太さに合わせて調整する必要があるので、全てのパーツに穴を空ける前に、サイズ感を確認する事を推奨する。

40 革の銀面（裏側）にループが形成されるようにコードを通してく。ここでは手芸店やネットショップで簡単に入手可能な、アクセサリー用に販売されているナイロンコード（太さ約1mm）を使用している。ループの大きさが整ったら、レザーパーツに接するループの根本（コードが交差する箇所）を瞬間接着剤で固定しよう。

>>

オーバーシューレース用ループの取り付け

“縫い”と“接着”を使い分け作業を効率化する

ループの準備が整ったら、アッパーを構成するレザーパーツに取り付けていこう。このループを取り付ける際には、“縫い”と“接着”を使い分ける必要がある。高い強度が要求される箇所は“縫い”を、スニーカーの表面に縫い跡を露出させたくない箇所は“接着”を選択する。そして“縫い”の工程で活躍するのが、スニーカー系カスタマイズビルダーだけでなく、多くのレザークラフトを楽しむ人々が憧れる“八方ミシン”だ。

41 四方八方に縫い進める事が可能な“八方ミシン”を用いて、ナイロンコードをレザーパーツに縫い付ける。この作業は手縫いでも可能だが、相応の労力を必要とする。オールアッパーカスタムでは、これ以降の工程で多くの“革を縫う”場面が発生する。高価な“八方ミシン”ではあるが、必須アイテムと言っても間違いでは無い。

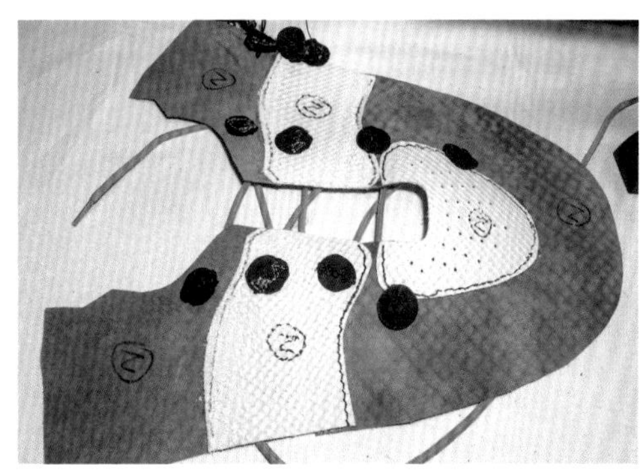

42 ナイロンコードを固定したパーツを、アッパーのハトメ部分に合わせていく。ハトメからループを表側に引き出し、実際にロープレースを通してやると、取り付け位置が合わせやすくなるだろう。取り付ける位置が決まったらパーツのアウトラインを油性ペンで描き、接着剤を塗る部分のガイドラインとする。同様の工程を反対足にも施そう。

43 接着面の双方に接着剤を塗り、シューレースループ用のパーツをアッパーに貼り付けていく。レザーのパーツを接着する際には、革の表面よりも銀面（裏面）を貼り合わせると接着強度を確保しやすくなる。パーツを製作する際にループが銀面に出来るよう製作したのは、ここでパーツを接着する作業を見据えた工程だった。

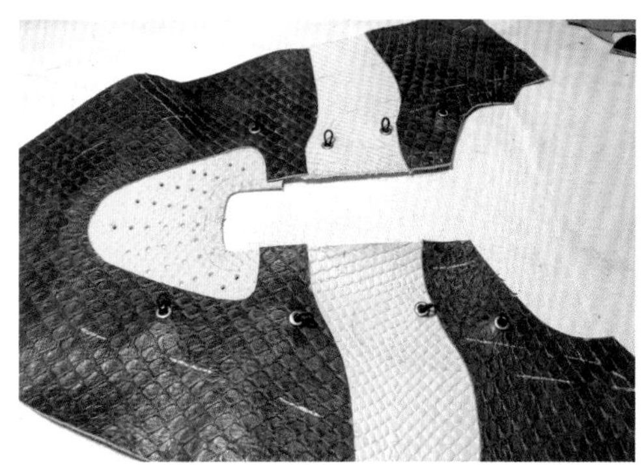

44 アッパーに取り付けた全てのハトメにシューレースループを取り付けた状態。ここに鮮やかなロープレースを通してやれば、NIKEとOFF-WHITEのコラボスニーカーも採用する“オーバーシューレース”が再現できる。全てのスニーカーと相性が良いとは言い難い個性的なディテールだけに、完成時のルックスが非常に楽しみだ。

アッパー用のレザーパーツと芯材の貼り合わせ

履き心地に影響を与えるスニーカーの強度を向上させる

ループを接着し終えたら、表面用のレザーパーツに床革から切り出した芯材を貼り合わせる工程に進もう。この工程は2枚の革パーツを貼り合わせ、着用時に型崩れしない強度を確保するのが目的だ。市販されているスニーカーのように厚手のレザーを使用すれば芯材の必要は無くなるが、手軽に購入可能な厚手の革素材は色や表面処理のバリエーションが乏しく、デザインの選択肢が限られてしまうのが難点なのだ。

45 表面用のレザーパーツと床革から切り出した芯材を並べた状態。表面のパーツはつま先、中央、ヒール部の3パーツを繋ぎ合わせて製作するのに対し、芯材はつま先からヒールまで、1枚の床革から切り出しているのが特徴になる。芯材のつま先部は、ベンチレーションホールから湿気を排出するためにくり抜いている。

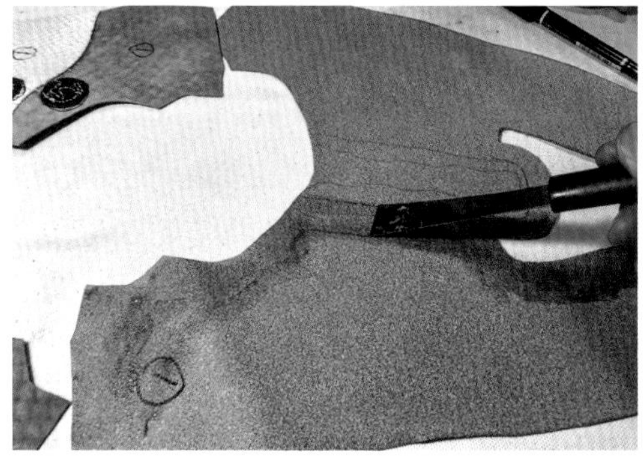

46 接着面の双方にヘラを使用して"ゴムのり"を塗り、表面用のレザーパーツと芯材を貼り合わせる。この際にスニーカー専用の接着剤を使用すると非常に高い接着強度が得られるが、後の工程で各パーツを縫い合わせるため、この段階では作業時にパーツがずれない程度の接着強度が確保できれば特に問題は無い。

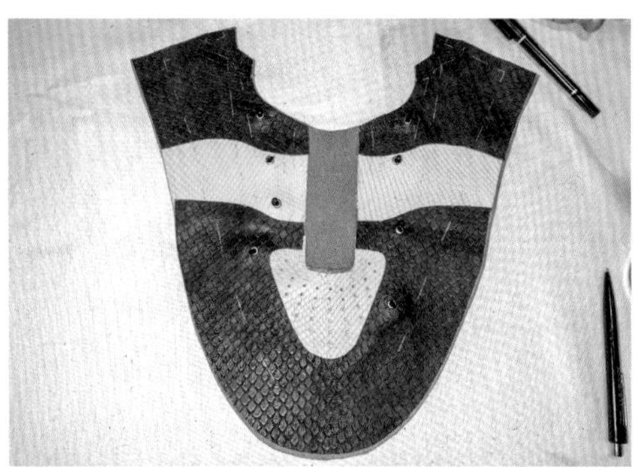

47 表面用のレザーパーツと芯材を貼り終えた状態。表面用のレザーだけの状態から強度が増し、全体にシワが少なくなっているのが分かるだろうか。この段階ではシュータンの部分にあたる芯材が露出しているが、ここはアイレット（シューレースホール）用のパーツを取り付けた後に切り取る部分なので気にせず作業を進めよう。

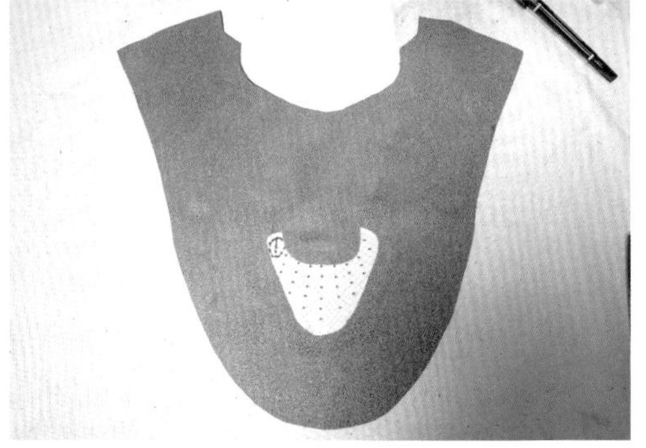

48 表面と芯材を貼り合わせたパーツを裏面から見た画像。トウキャップのベンチレーションホールが露出している状態が正解だ。この工程でアッパーに取り付けたオーバーシューレース用のパーツが素材の間に埋まってしまう。貼り合わせの際にパーツがずれてしまった場合は、接着剤が乾燥する前に手早く修正しよう。

>>

サイドパネルとトウキャップの縫い付け

オリジナルと同じダブルステッチでパーツを縫い合わせる

表面のパーツと芯材を貼り合わせたら、サイドパネルとトウキャップを縫い合わせていく。この工程でパーツ全体ではなく一部のみ先行して縫い合わせる理由は、サイドパネルとトウキャップに施す縫い目の端が、後の工程で取り付けるアイレット周りのレザーパーツの下に潜り込むからだ。さらにパーツの縫い合わせ時には、オリジナルのAIR FORCE 1と同様にダブルステッチを施して、仕上がり時の見た目にも配慮する。

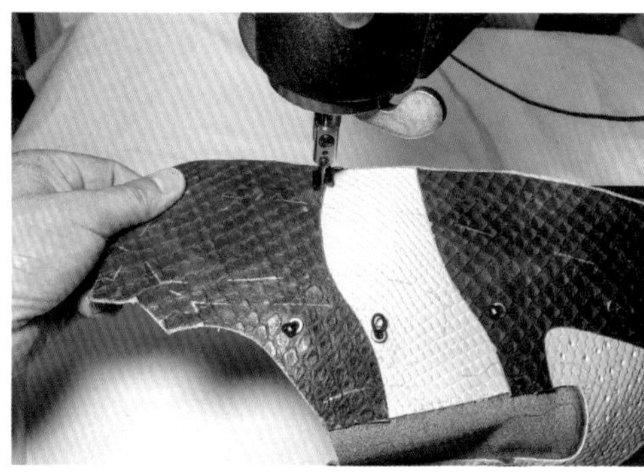

49 貼り合わせたパーツにステッチを施す感覚で、八方ミシンを使ってパーツを縫い合わせていく。良好なコンディションの八方ミシンが、中古でも20万円前後の相場で取引されている現実を踏まえると簡単にお勧めできないものの、この工程をハンドステッチでこなすには、八方ミシンとは比較にならない長い時間と集中力が必要だ。

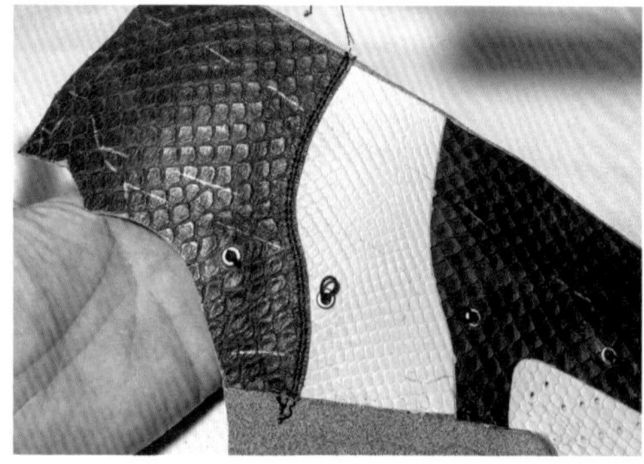

50 パーツの曲線に沿って縫い合わせたら、わずかな間隔を空けて2回目のステッチを施していく。ここでダブルステッチを施す理由には強度確保の目的もあるが、AIR FORCE 1のディテールを再現する意味合いも少なくない。八方ミシンを使うと縫い目が等間隔に仕上がるので、曲線縫いに集中できるのだ。

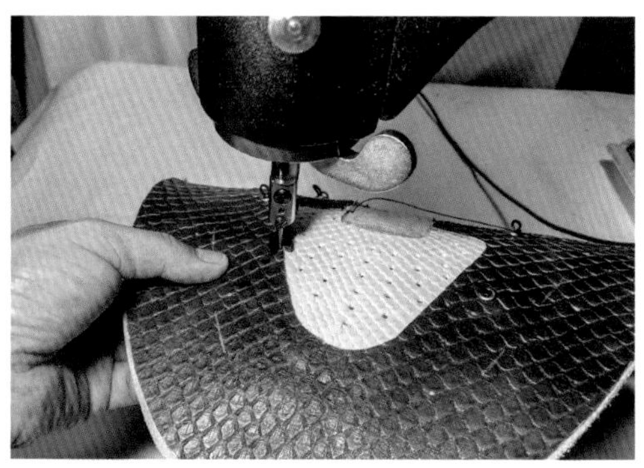

51 同様にトウキャップもダブルステッチで縫い合わせていこう。完成したカスタムスニーカーを履いた際には足の指の付け根部分に大きな負荷が掛かる。この部分の強度が不足すると糸がほつれるリスクが高くなる。手作業によるダブルステッチには集中力が要求されるが、丁寧に対応する効果が期待できる工程だ。

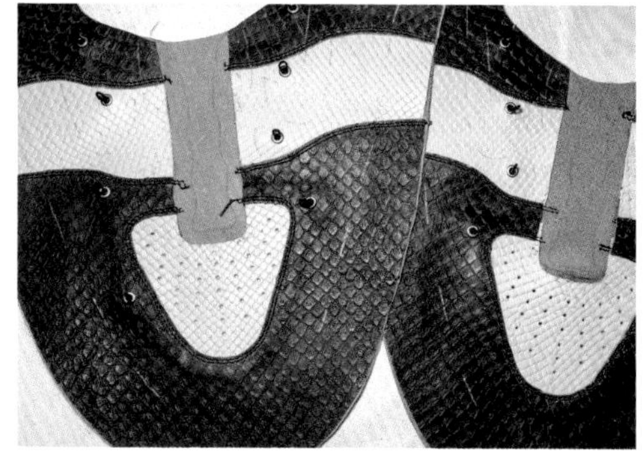

52 サイドパネルとトウキャップにダブルステッチを施した状態。そのステッチの端が、アイレット用のパーツを取り付ける部分に掛かっているのが確認できるだろうか。両足のダブルステッチ処理が完了したら、スウッシュやアウトレット用パーツの取り付けに進んでいく。いよいよスニーカー全体のディテールが見えてくるのだ。

スウッシュパーツの取り付け

接着剤で位置を固定した後にステッチを施す

縫い合わせが完了したサイドパネルに、NIKE製スニーカーの象徴であるスウッシュを取り付ける。サイドパネルやトウキャップは強度の確保を見据えてダブルステッチを施しているが、スウッシュを取り付ける箇所には強度が求められないので、接着剤で位置を固定した後にシングルステッチで縫い付けていく。言うまでも無く、スウッシュのステッチがシングルなのはオリジナルのAIR FORCE 1でも同様だ。

53 パーツを切り抜く際に銀ペンで描いたラインを参考に、スウッシュを取り付ける位置を確認する。その場所を確認後、接着面の両面にゴムのりを塗りパーツを仮止めする。この段階で完全にパーツを固定する場合は、サイドパネル側の表面をサンドペーパーでやすり、スニーカー専用の接着剤で圧着しよう。

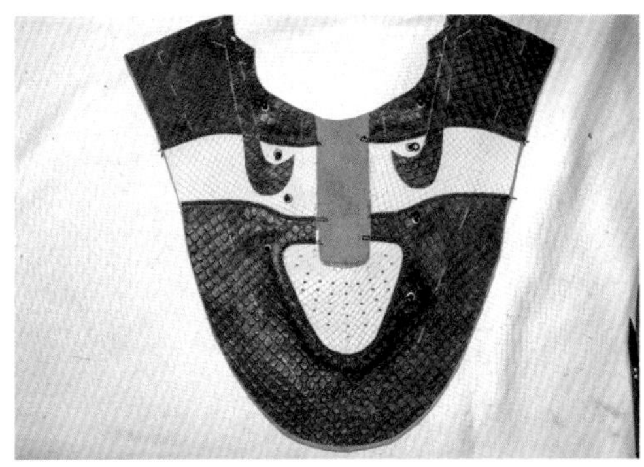

54 インサイドとアウトサイドのサイドパネルにスウッシュを仮止めした状態。いよいよNIKEのスニーカーらしさが際立ってきた。この工程では1箇所ごとに接着と縫い付けを繰り返しても特に問題ないが、作業の効率を考慮するならば、先に左右計4本のスウッシュを接着剤で貼り付ける方が良さそうだ。

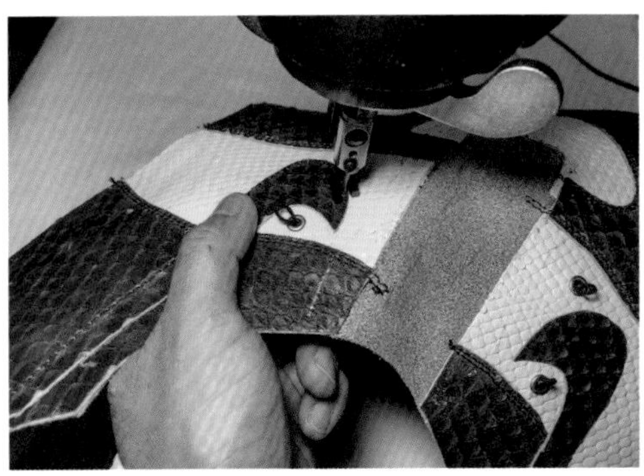

55 スウッシュをシングルステッチで縫い付けていく。スウッシュの近くにオーバーシューレース用のループを取り付けている箇所があるので、縫い付け時に巻き込まないように集中しよう。スウッシュのどの位置から縫い始めるかについて決まりは無いが、縫い目の処理を考えるとヒール側から縫い始めるのが正解だろう。

56 スウッシュの縁に沿ってシングルステッチを施せば、サイドパネルへの縫い付けは完了だ。ここではベースカラーと同色の糸を使用しているが、よりカジュアルな雰囲気を醸し出すのであれば、糸のカラーを変更する選択肢もある。この工程でイエローの糸を使えば、ポップなカスタムスニーカーに仕上がるハズだ。

>>

アイレット周りのパーツを取り付ける

パーツの取り付けと同時に余分な芯材を切り取ろう

完成後にシューレースを通すアイレット周りの補強パーツを取り付けていく。シューレース部も強度が必要な箇所なので、いつも以上に丁寧な作業を心がけよう。パーツにシューレースホールを空けるとより雰囲気が出るのだが、シューレースホールはライニング（内張り）を取り付けた後に空けるので注意しよう。この工程でパーツの仮止めと縫い付けを行いつつ、余分な芯材を切り取ろう。

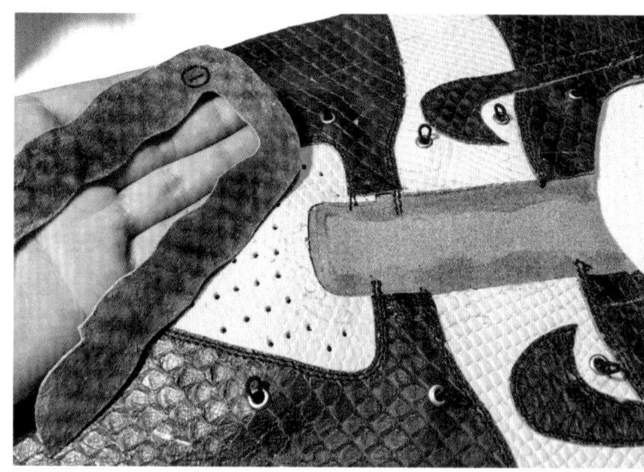

57 パーツの取り付け位置を確認したら、接着面にゴムのりを塗って仮止めする。目立つ部分に位置するパーツだけに、歪みの無いように位置を確認しよう。スネーク柄の型押しレザーは接着剤が比較的食いつきにくい素材だが、取り付け時の強度はパーツを縫い付ける事で確保できるので心配は無用だ。

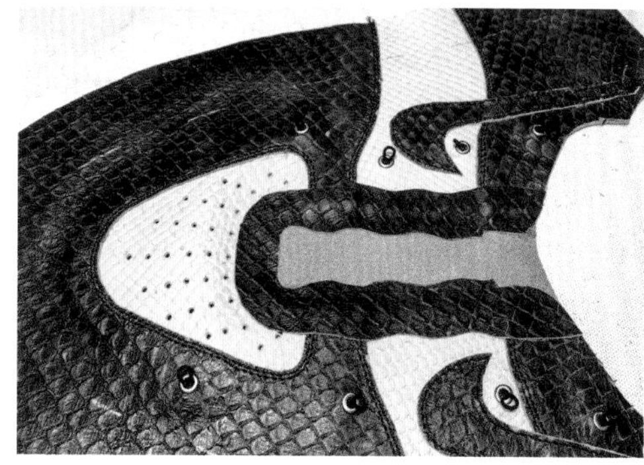

58 アイレット周りのパーツを仮止めした状態。改めて取り付け位置を確認したら、パーツ形状を合わせる目的で残しておいた余分な芯材を切り取ろう。曲線が多い箇所なのでレザークラフト用のハサミを使うと芯材を切り取りやすいが、芯材もそれなりに厚みがあり、つい力が入りがちになるので慎重に作業を進めよう。

59 シュータン部分の余分な芯材を切り取ったら、八方ミシンでパーツを縫い付けていく。パーツの端が緩い波状になるラインを描いているので、慎重にトレースしてあげよう。縫い進める方向を変更できる八方ミシンは、ミシン本体の奥行の影響を受けないため、大きさのあるレザーパーツを縫い付ける作業も問題なく対応可能だ。

60 アイレット周りのパーツを縫い付けた状態。パーツのシュータン側は後の工程でライニングを縫い付けるため、この段階ではパーツの外側をサイドパネルに縫い付けるだけに留めておく。この段階でアッパー用パーツと芯材がほぼほぼ縫い合わされているため、しっかりとしたレザーの質感が手に伝わるハズだ。

>>

シュータンの作成

ラグジュアリーな雰囲気を醸し出すレザーのシュータンを作る

今回の作例ではオリジナルのAIR FORCE 1に多いナイロンメッシュのシュータンではなく、ラグジュアリー感あふれるレザー製のシュータンを製作する。但しレザーの1枚革を取り付けるのではなく、中にクッション材を挟み込んでフィット性の向上に配慮する。1枚革のシュータンもクラフト感を楽しめる仕上がりだが、AIR FORCE 1と言えばクッション材入りのシュータンに“それっぽさ”を感じるファンも少なくないハズだ。

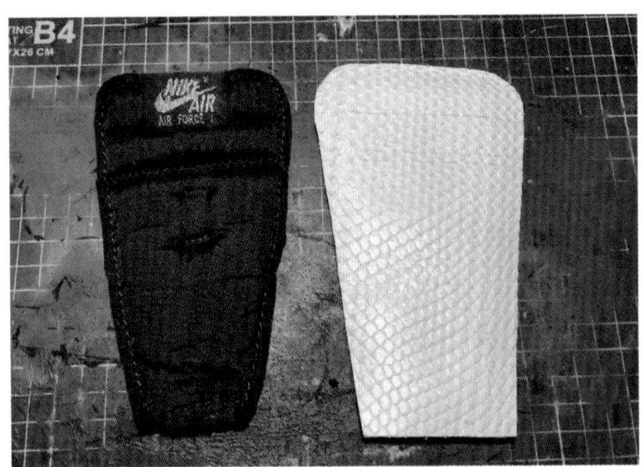

61 解体したAIR FORCE 1のシュータンを参考に型紙を作成し、サイドパネルに使用したイエローの型押しレザーから表面のパーツを切り出していく。取材したカスタマイズビルダーは「もう少し薄手のレザーが理想」と話していた。もし素材の厚さが気になる場合は、革包丁を使って革漉き（かわすき）を施すのも良いだろう。

62 表裏のパーツに加え、クッション材を切り出した状態。ここで使用したクッション材は、ホームセンターで購入した厚さ10mmのスポンジを2重に重ねたもの。クッション材の厚さに決まりは無いが、薄すぎたり柔らかすぎたりすると着用時にフィット感が得にくくなるので、普段履いているスニーカーを参考に調整しよう。

63 レザーパーツよりもひと回り小さく切り出したスポンジは、素材に適した“スプレーのり”を吹き付けてレザーパーツの裏面に貼り付ける。後の工程でシュータンの縁を縫い付けるため、それほど接着強度は必要としない。一部スポンジと相性の悪い接着剤もあるので、接着剤の特性を確認するのを忘れずに。

64 接着剤を塗布したスポンジを、2枚のレザーパーツで挟み込む。今回の作例では、シュータンの裏面にあたるパーツの素材にライニングでも使用する厚さが約1mmの薄いレザーを使用している。この後にパーツの縁を両面テープで仮止めするので、両面テープを貼る余白が確保できているか確認しよう。

>>

シュータンの作成

縁取りにレザーを使うと高級感もアップ

クッション材を挟み込んだレザーパーツを縫い合わせ、シュータンのディテールを整えていく。この際にテープ状に切り出したレザーで縁取りを施すと、仕上がり時の高級感がアップする。但しスニーカーの"顔"と言うべきシュータンタグやオールドスクール系スニーカーに良く見られる中央部分のシューレースループは、他のデザインとのバランス取りを必要とするため、最終工程で改めて対応しよう。

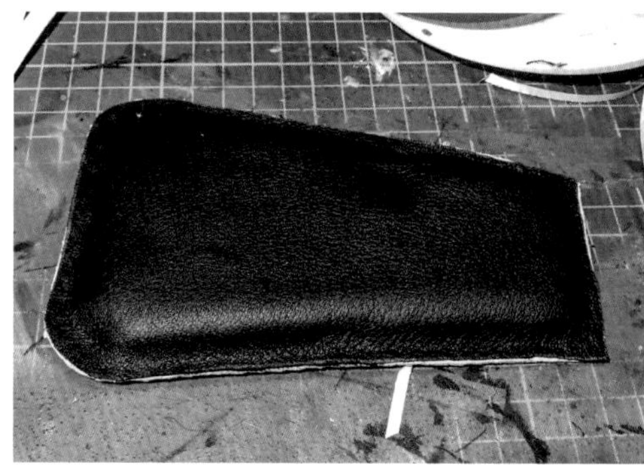

65 クッション材を挟み込んだレザーパーツの縁に沿うようにして、内側を両面テープで貼り合わせていく。この状態で解体したAIR FORCE 1から取り外したシュータンと、ほぼ同じディテールになっていれば正解だ。もちろんオリジナルと異なる雰囲気を醸し出すのであれば、シュータンの長さを変えるアプローチも試す価値はあるだろう。

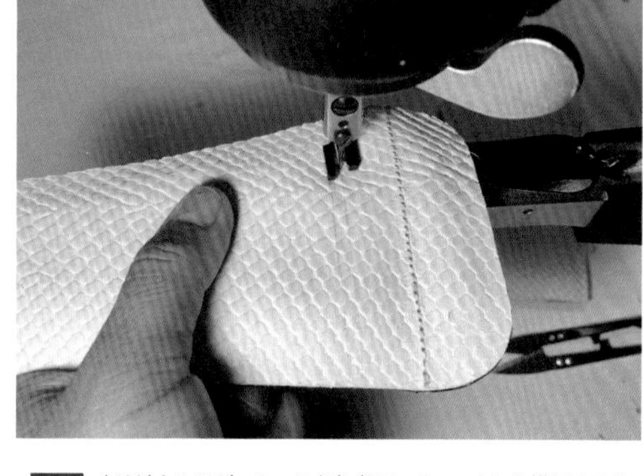

66 オリジナルのディテールを参考に、シュータンを横切るようにステッチを施して、各パーツを縫い合わせよう。このステッチが斜めになったり歪んだりしていると、カスタムが完成した際に悪い意味で目立ってしまう。縫い始める前に銀ペンで正確な直線を描き、ステッチが描くラインに歪みが生じないように注意を払うのが肝心だ。

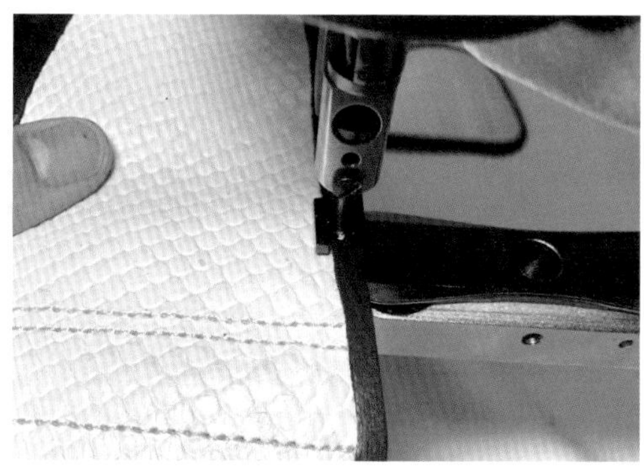

67 シュータンにステッチを施して縫い合わせが完了したら、テープ状に細く切り出したレザーを縁に縫い付けていく。縫い付ける前にパーツを仮止めすると作業を進めやすいが、パーツの端から両面テープがはみ出していると見た目が悪くなってしまう。この部分の仮止めは、比較的目立たないゴムのりを使うと良いだろう。

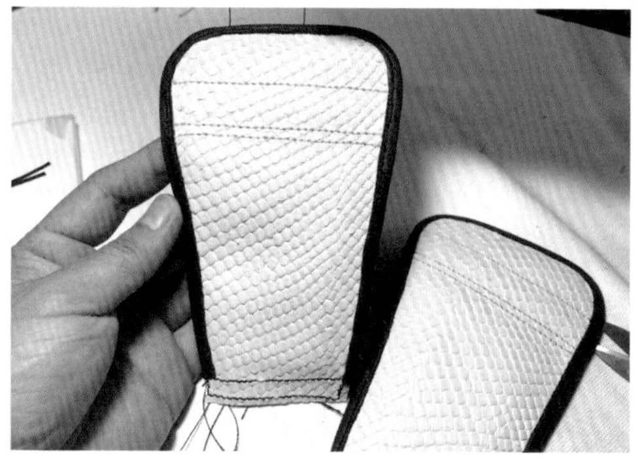

68 シュータンの縁にレザーを縫い付けたら下準備は完了だ。縁取り用のレザーはシュータンの裏面でも使用した、厚さ約1mmの柔らかい牛革を使用している。最近ではシュータンの周囲を縫い合わせず、クッション材を露出させたコラボスニーカーも発売されている。そうしたデザインアレンジに挑戦するのも面白い。

>>

ライニングの切り出し

薄く柔軟性の高い革からライニング用パーツを作成する

続いてスニーカーのライニング（内張り）作成の工程に進もう。一般的なスニーカーのライニングでは、織物系のファブリック素材を使用するのが一般的だが、ここでは厚さが約1mm程で、柔軟性の高い革素材からパーツを切り出していく。ライニングにレザーパーツを使用するとラグジュアリーなルックスに仕上がるため、高級感のある型押しレザーを使用した今回のフルアッパーカスタムとの相性も抜群なのだ。

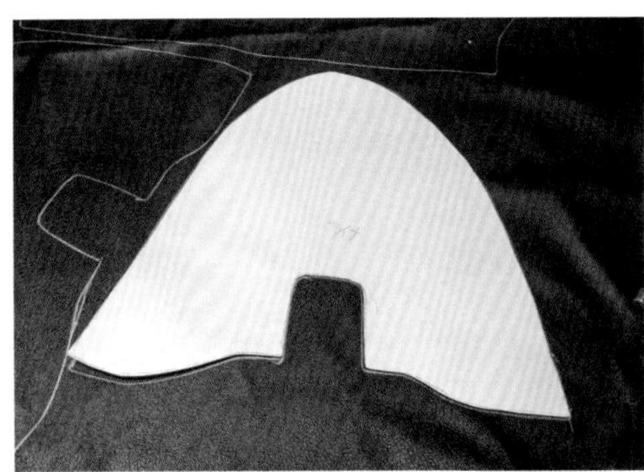

69 AIR FORCE 1から取り外したライニングを分解して作成した、つま先部分の型紙を使い、厚さ約1mmの革素材に銀ペンでディテールを写していく。ライニングに使用する素材はある程度の"足すべり"が必要で、スウェードのような"足すべり"の悪い素材を使用すると、着用する際に足を入れにくくなるので注意が必要だ。

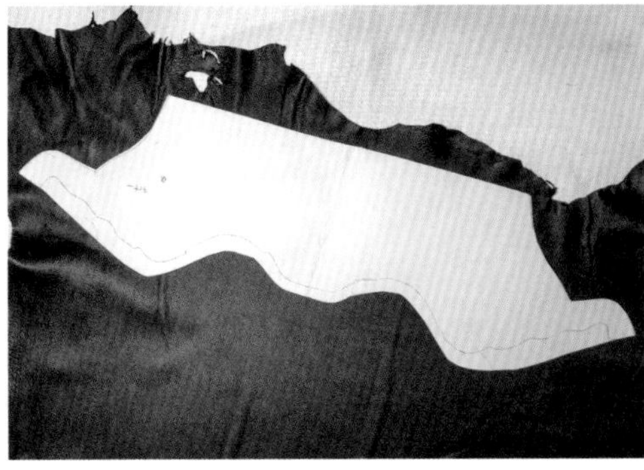

70 アッパーの中央部からヒール周りに取り付けるライニングも、つま先部分と同様に型紙を作成する。この型紙は中央部分が踵の位置に相当する。かなり大きさのあるパーツになるので、素材にディテールを写す際に型紙がずれないように気を付けたい。ちなみにパーツを切り出すレザーはシュータンの裏で使用した素材と同一だ。

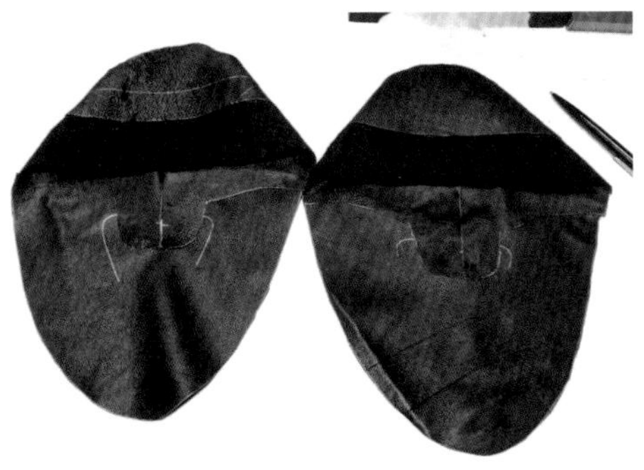

71 切り出したライニング用のレザーパーツの前後を仮止めした状態。画像では分かりにくいのだが、履き口部分を二重にして強度を高めている。ライニングに使用する革には柔軟性が求められるが、革素材は薄いからと言って柔らかいとは限らない。Webショップでは質感を把握するのが難しく、気軽に手を出しにくいのが悩みの種だ。

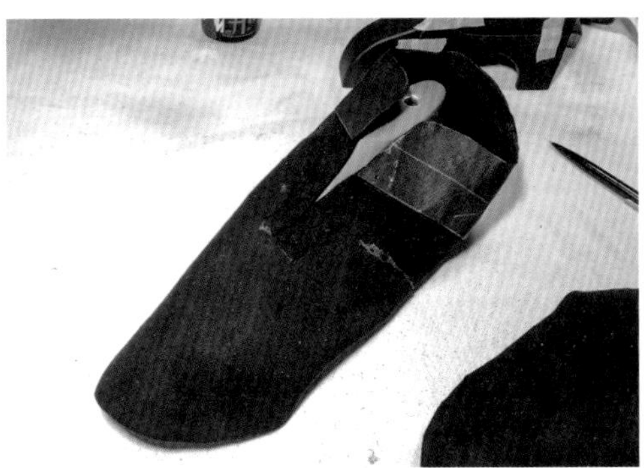

72 前後を仮止めしたライニングを、AIR FORCE 1と互換性のある木型に被せてみた。靴底の無いルームシューズのようなディテールが分かるだろうか。この木型は海外を拠点とする一部のカスタムスニーカーブランドで購入可能。フルアッパーカスタムを楽しむ際には必須となる、超重要なツールなのである。

>>

ライニングとヒール部分の縫い合わせ

強度が必要なヒール部分はジグザグに縫い合わせる

前項に引き続き、アッパーパーツの作り込みを進めていこう。ここではライニングとアッパーパーツのバランスを確認し、それぞれの縫製箇所で縫い合わせていく。アッパーパーツのヒール部分には"縫い代"が無いため、パーツの断面を合わせ、布テープ等で固定して縫い合わせる。ここで使うのが"ジグザグ縫い"だ。布地のミシン掛けで糸のほつれを防ぐために行う縫い方をパーツの結合に応用する。

73 木型に被せたライニングパーツに、アッパー用のレザーパーツを被せてバランスを確認する。既にアッパー用のパーツに芯材を仮止めしているのでこの画像では分かりにくいかもしれないが、カスタムが完成した際にはアッパーと芯材、そしてライニングと、レザーの3層構造を持つスニーカーに仕上がるのだ。

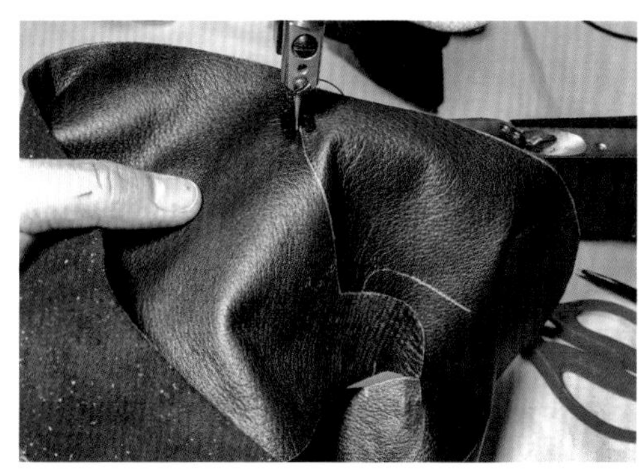

74 アッパー用レザーパーツとのバランスを確認したら、革のカラーと同じブラックの糸を使ってライニングの前後を縫い合わせていく。アッパーに取り付ける際には革の表面が露出するように縫い付けるため、縫い糸の処理が必要な場合は、レザーの銀面（裏側）で行い、仕上がり時に目立たなくなるように調整する。

75 ライニングの縫製が完了したら、アッパーのヒール部分を縫い合わせてやろう。他の部分とは異なり、パーツを重ねた"縫い代"が無いため、パーツの断面を合わせるように固定して縫い合わせるテクニックが必要だ。取材したカスタマイズビルダーの場合は一般的な布テープを使い、アッパーの裏面で固定していた。

76 革の断面でパーツを合わせ、接合する部分をジグザグに行き来するようにステッチを施す"ジグザグ縫い"で縫い合わせていく。ここで縫い合わせた箇所は後に補強パーツを追加するため、予め補強パーツを取り付ける幅を銀ペンでパーツに記しておき、その幅をはみ出さないように慎重にジグザグ縫いを施してやろう。

>>

ヒール部分のジグザグ縫い

パーツの固定に使った布テープは可能な限り剥がしておく

ジグザグ縫いを駆使して縫い合わせた、アッパーのヒール部分を仕上げていく。一般的な家庭用ミシンでは模様選択で"ジグザグ縫い"を選択可能な機種が少なくないが、八方ミシンでは小まめに縫い進める方向を変える作業が必要になるため、均一なステッチに縫い上げるのは難しい。最終的には他のパーツに隠れてしまう部分ではあるものの、見えない部分もしっかりと仕上げておくのがカスタマイズビルダーの嗜みだ。

77 ジグザグ縫いを終えた状態のヒール部分。ステッチの幅は均一ではないものの、肝心なのはステッチの両サイドに引いた銀ペンのラインをはみ出していない点にある。このラインは次の工程で取り付ける補強パーツの幅であり、この間にステッチが収まっていれば、AIR FORCE 1らしい美しいヒール周りに仕立てられる。

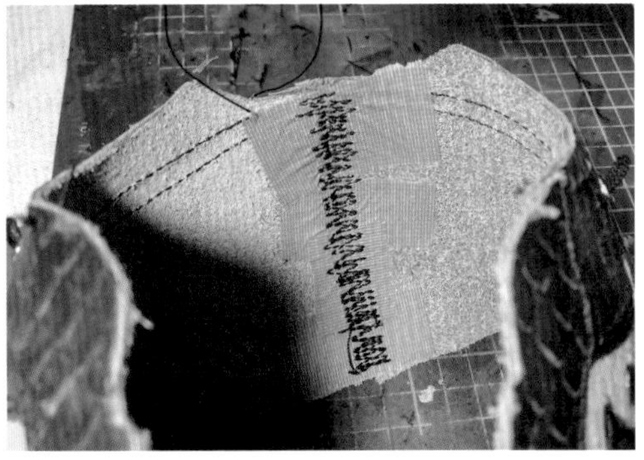

78 ヒールのジグザグ縫いを内側から見た状態。表側からは分かりにくかったジグザグ状のステッチがはっきりと確認できるだろう。表側もベースカラーと異なる色の縫い糸を使用すればより確認しやすくなるが、補強パーツで隠れる部分からはみ出した際のリスクを考えると、目立たない縫い糸を使用するのが賢明だ。

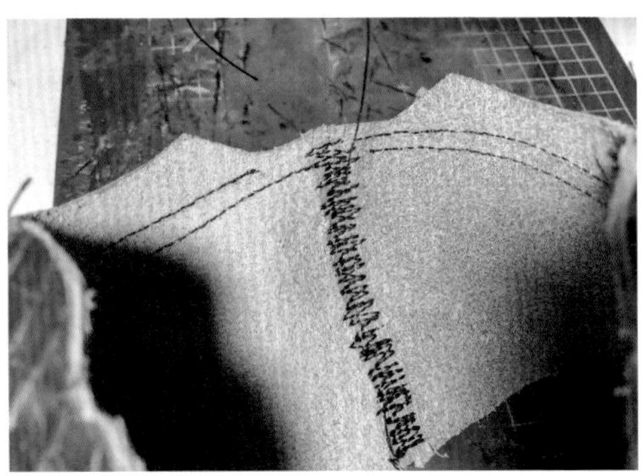

79 ジグザグ縫いの仕上がりを確認したら、パーツを固定する時に使用した布テープを可能な限り剥がしておこう。芯材やライニングに隠れる部分なので、剥がさずに作業を進めても問題ないように思えるが、完成後に布テープが剥がれると、踵に触れる異物になる可能性が否定できない。ネガティブなリスクは排除しよう。

80 説明が前後するが取材したカスタマイズビルダーが使用する縫い糸は、エースクラウン社のポリエステルミシン糸"8番手"だ。Webショップでも手軽に購入可能なミシン糸で、300色以上のバリエーションがラインナップされている。微妙な発色を確認したい時は、同社の色見本帳を手に入れると良いだろう。

>>

ヒール部の補強パーツを縫い付ける

補強の目的だけでなくデザインのアクセントとしても活かしていく

ヒールのジグザグ縫い部分をカバーする補強パーツを縫い付ける。AIR FORCE 1に似たディテールを持つAIR JORDAN 1やDUNKには無いパーツであり、このスニーカーらしさを主張するものだ。そうした背景もあり、ここで紹介する作例ではベースカラーのネイビーではなく、デザインのアクセントとなるイエローの型押しレザーを素材にセレクト。他と同様にゴムのりと八方ミシンで取り付けていく。

81 解体したAIR FORCE 1を参考に切り出したパーツを、ヒールを縫い合わせた部分に取り付けよう。ベースと同色のパーツを使うと落ち着いたルックスに仕上がるが、AIR FORCE 1らしさを醸し出すディテールなだけに、今回はサイドパネルやシュータンにも使用した明るいイエローに染まる型押しレザーを使用した。

82 補強パーツの裏面にゴムのりを塗布して、アッパーパーツに引いた銀ペンのラインに合わせて仮止めする。補強パーツのような小さな部品は、大きなヘラでは接着剤が塗りにくい。100均ショップ等で小さなヘラを手に入れるか、アイスの棒を加工した"木べら"を用意しておくと何かと便利なのでお勧めしたい。

83 イエローの縫い糸を使って補強パーツを縫い付けていく。パーツの長辺だけでなく、短編部分のステッチも忘れずに。このステッチは可能な限り正確な直線に整えて、スッキリとしたルックスにしたててやりたい。直線縫いに自信が無い場合は、事前に銀ペンでガイドラインを引いておくと精度を高める事が可能になる。

84 ヒールの接合部分に補強パーツを縫い付けた状態。先に施したジグザグ縫いを完全にカバーしているのが分かるだろうか。この補強パーツの上下は、この後の工程で他のパーツに隠れる部分だ。強度を求める工程ではないが、ステッチ糸を玉止めで固定する場合には他のパーツに隠れる部分で処理しよう。

>>

バックステーの取り付け

取り付け時に芯材を挟み込んで強度を確保する

ジグザグ縫いをカバーする補強パーツに続き、履き口部分の“バックステー”を取り付けていく。スニーカーのディテールを説明する際、ヒール周りを構成するパーツを“ヒールカウンターパーツ”と総称する事が多いが、単体のパーツ名称はバックステーが正しい。スニーカーを履く際に指で引き上げたり“靴ベラ”を指し込む部分なので、パーツの内側に芯材を挟み、着用に耐える強度を確保しなくてはならない。

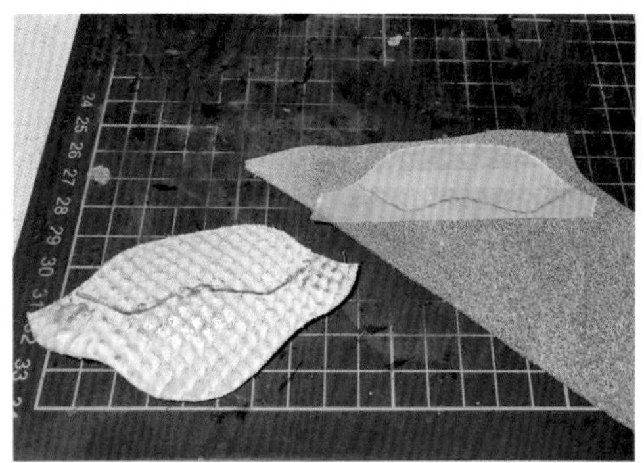

85 オリジナルパーツを参考に切り出した、バックステー用の芯材を“床革”から切り出していく。パーツ全体に芯材を貼ると厚くなりすぎるため、バックステーの上部にのみに取り付けるよう芯材をデザインする。この際、パーツに引いたラインをマスキングテープに描き写し、床革に貼り付ければ型紙の代用として使える。

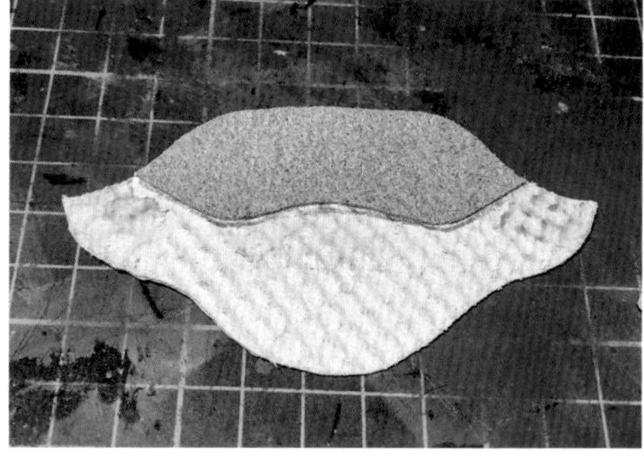

86 切り出した芯材をゴムのりでバックステーに仮止めする。芯材の中央は、ヒール部分のジグザグ縫いの上に取り付けた補強パーツに干渉するので、やや短めになるようにデザインしている。想定通りの箇所に仮止めしたら、この画像で見えている部分の全面にゴムのりを塗布して、シューズのヒール部上段に取り付けよう。

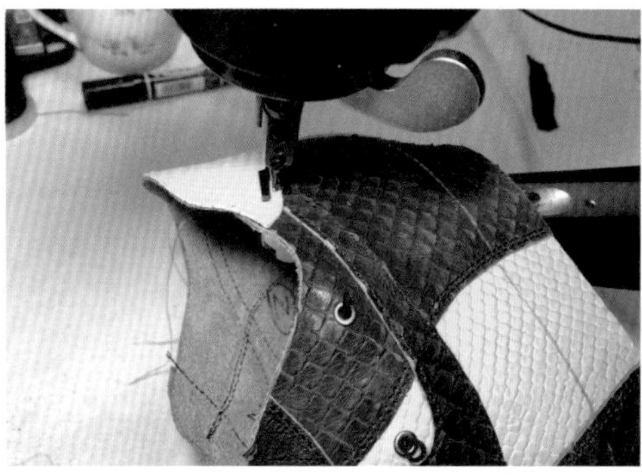

87 バックステーの仮止めが完了したら、パーツの下辺に沿うようにパーツと同じイエローのミシン糸で縫い付けていく。スウッシュやヒールの補強パーツと重なる部分の生地は厚く、手縫いの場合は相応の労力が必要になるだろう。このパーツの上辺はライニングを縫い合わせるため、この段階で縫い付ける必要は無い。

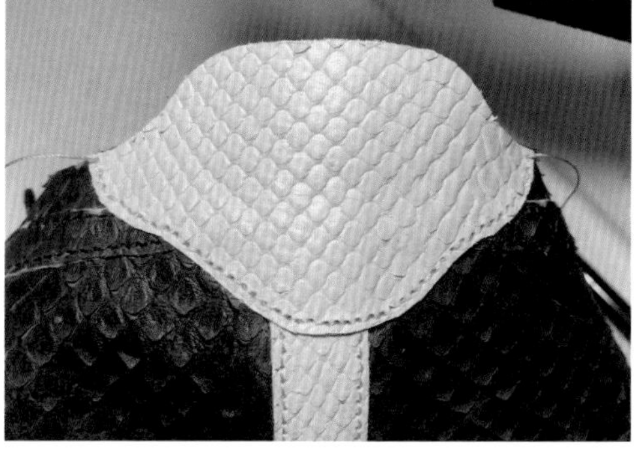

88 アッパーのパーツにバックステーを取り付けた状態。ここでは他のパーツでも使用するイエローの型押しレザーをセレクトした。AIR FORCE 1らしいオールドスクール感を演出するのであれば、ホワイトのバックステーでも悪くなさそうだ。その場合にはミシン糸もホワイトを使って、ステッチが目立ち過ぎないように配慮したい。

>>

ライニングパーツの縫い付け

シューズの履き口部分でアッパーとライニングを縫い合わせる

アッパーパーツのヒール周りの造形が完了したら、作成しておいたライニング用のレザーパーツを取り付けていこう。今回の作成でセレクトした革素材のライニングパーツは、一般的なスニーカーに比べ、圧倒的な高級感を醸し出す。手数をかける甲斐のあるディテールと言える。後の工程にて補強パーツやクッション材を取り付けるため、ここでは履き口部分のみの縫い合わせになるので注意しよう。

89 ここまでの工程で作り上げたアッパーパーツとライニング。この時点では"革から切り出したパーツ感"が強い見た目だが、この工程でアッパーとライニングを縫い合わせ、その間に補強パーツやクッション材を取り付けると全体にボリューム感が増し、イメージ通りのスニーカーらしいディテールに仕上がってくる。

90 それぞれの銀面（裏面）を合わせるように、アッパーパーツにライニングを重ねよう。ここで縫い合わせた後にライニングを裏返すので、スニーカーの内側に銀面が配置される。技術的には銀面（スエード）を露出させる事も可能なのだが、ライニングとソックスとの摩擦が強くなり、脱ぎ履きが面倒なスニーカーに仕上がってしまう。

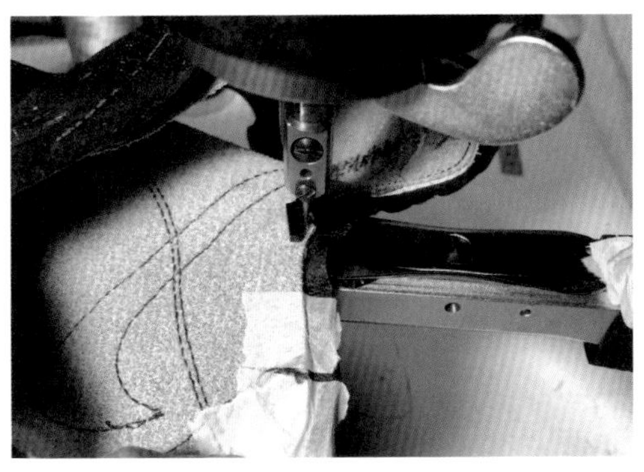

91 スニーカーの履き口にあたる箇所を縫い付けていく。縫い始める前には、パーツがずれないよう、正しい位置にマスキングテープを使ってしっかりと固定するのをお忘れなく。固定した位置の近くまでパーツを縫い合わせたら、一旦作業を止めてマスキングを少し剥がし、再び縫い進める作業を繰り返す。

92 履き口部分の縫い合わせが完了したら、ライニングをアッパーパーツの内側に裏返そう。ライニングがアッパーパーツの断面をカバーするような構造となり、スニーカーらしいディテールに仕上がっているのが分かるだろうか。ここまで来ればカスタマイズビルダーのセンスが反映される、アッパーパーツの作成も終盤戦だ。

>>

ヒール部を補強する芯材の作成

革漉きを使用して芯材の厚さを調整する

ヒール部に取り付ける芯材を作成する。ここで作成する芯材は強度の確保だけでなく、踵のホールディング（安定性）にも働きかけるパーツであり、仕上がり時の履き心地を左右する重要な工程だ。革靴を手作りする場合には床革から切り出したパーツをセメントに漬け、後に乾燥させて硬い芯材を作成するケースも少なくないが、ここでは2重に貼り合わせた床革を使い、強度と柔軟性を併せ持つ芯材を作成する。

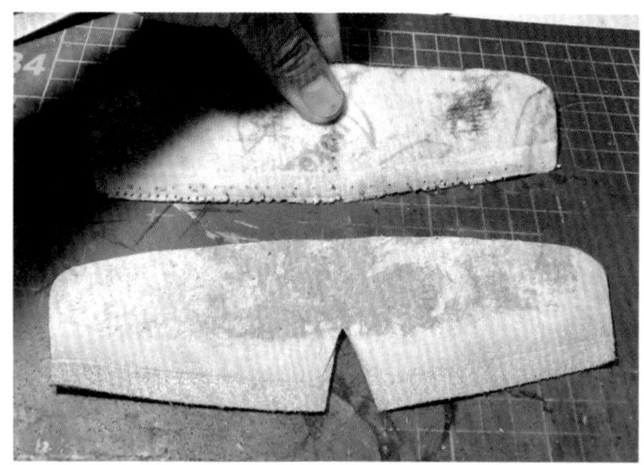

93 AIR FORCE 1から取り出した芯材の形状を参考に、床革からパーツを切り出していく。今回の作例では2枚の床革を張り合わせたパーツの周囲を“革漉き”を使って薄く仕上げるため、オリジナルよりもひと回り大きなパーツを切り出している。また取り付け時に自然なカーブを描くように、中央部をV字状に切り抜いたのもポイントだ。

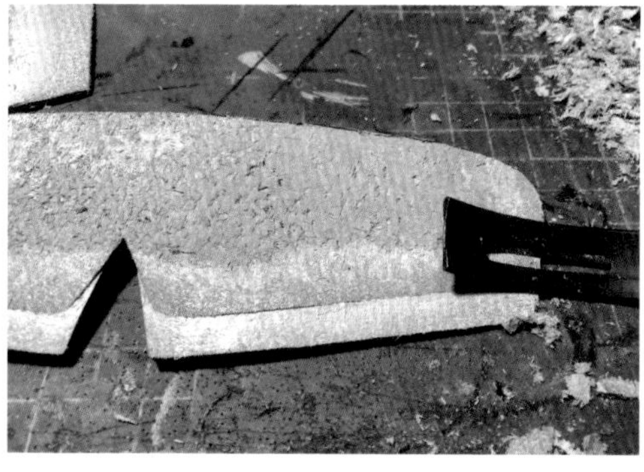

94 2枚の床革を貼り合わせた芯材の両端と、V字に切り抜いたパーツの下部を“革漉き”を使って厚さを調整し、なだらかなスロープ状になるよう調整する。ここで使用した革漉きは、WEBショップにて1000円前後で販売されているタイプで、先端の隙間に装着された刃を使って厚みを調整するアイテムだ。

95 元の状態と2枚を貼り重ねた床革の厚さを比較する。ここで製作したヒール用の芯材は、オリジナルパーツよりも大きく、パーツ下部のラインがミッドソールに食い込むようにデザインされている。そのため革漉きを使用して厚さを調整し、ソールと結合する箇所に不必要な段差を生じさせないように加工する。

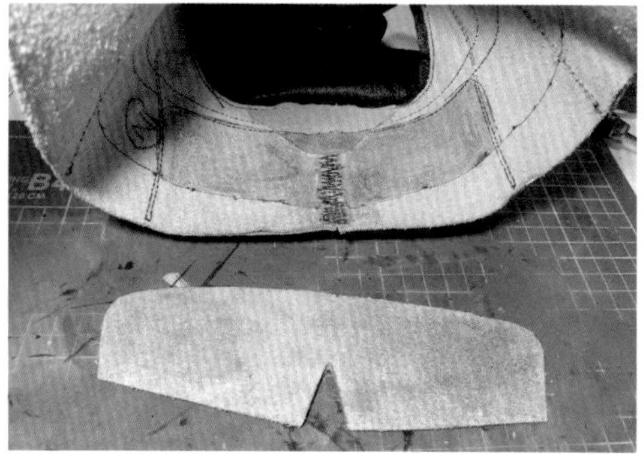

96 アッパーパーツと芯材の両面にゴムのリを塗布して貼り合わせる。アッパーとソールを縫い付けるラインにパーツがはみ出していると作業を進めにくくなるため、縫い合わせるラインに干渉しない位置に取り付けるのが肝心だ。この際、冒頭で製作した型紙を参考に、貼り付け位置のガイドラインを描いておくと安心だ。

>>

クッション材の取り付け

スポンジの厚さ選びでサイズ感も変わってくる

ヒール部に芯材を取り付けたら、シューズの後半部にクッション材を取り付ける工程に進もう。ここで使用するクッション材は、ライニング用に作成した型紙の後半部を参考に市販のスポンジシートから切り出したパーツを貼り重ね、厚さを調整している。厚さの基準を具体的に記載したいが、使用するスポンジシートの硬さで必要な厚さが異なってくるので、手元のスニーカーを参考に、好みの厚さに調整してほしい。

97 スポンジシートから切り出したクッション材は、薄手のタイプを貼り重ねて厚さを調整している。クッション材が厚ければホールド感が向上するが、その分サイズ感がタイトに仕上がる事になる。逆にクッション材が薄すぎるとホールド感が不足するので、シューレースをきつめに締め上げて履く必要が生じるだろう。

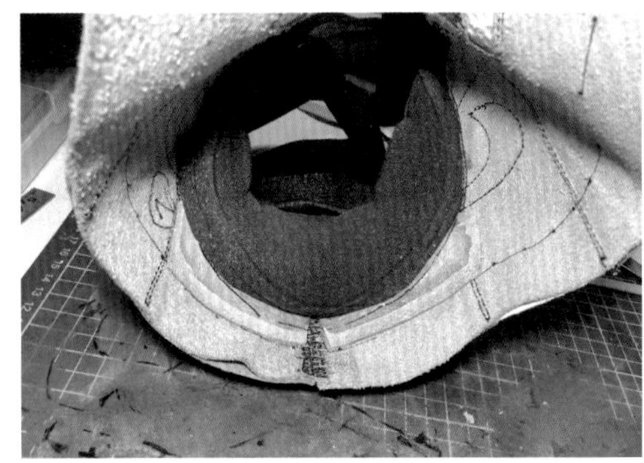

98 クッション材の中央とヒール部分の中心線を合わせるように、ゴムのりを使ってクッション材を貼り付けていく。この際にクッション材が大きく湾曲するので、極端に厚いスポンジシートは使いにくいのが正直なところ。可能であれば厚さが1cm前後のスポンジシートを貼り重ね、パーツに合わせながら調整するのが望ましい。

99 クッション材の固定が確認できたらライニングパーツを被せよう。高いクッション性を予感させる履き口のボリュームは、一般的な革靴では見られない、スニーカー独自のディテールだ。クッション材はこの後の"吊り込み"と呼ばれる工程でも固定されるため、この段階で強力に接着する必要は無いだろう。

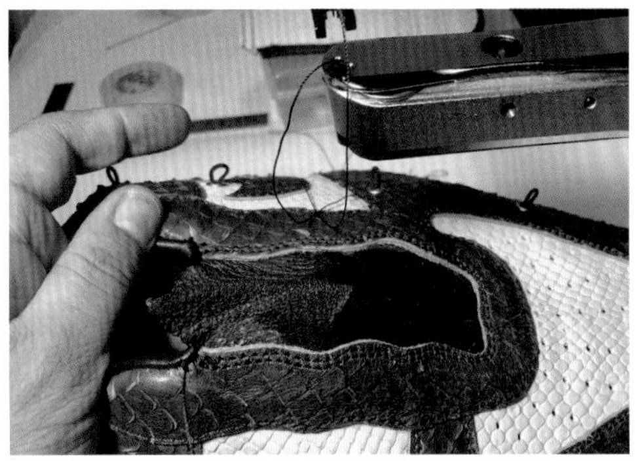

100 続いてライニングとアイレット周りのパーツを縫い合わせていく。履き口部分とは異なり、アイレット周りはアッパーパーツとライニングを普通に重ね、2重のステッチで縫い合わせていく。シュータンを取り付ける部分にはみ出したライニングパーツは、縫い付けが完了した後にレザークラフト用のハサミを使って切り取っておく。

>>

シュータン周りの仕上げ作業

アイレット加工とシュータンの取り付けを行っていく

アッパーパーツの造作の仕上げはアイレット加工とシュータンの取り付けだ。オリジナルが1982年に発売されたAIR FORCE 1は、現代のバッシュに比べ、アイレット（シューレースホール）の数が多く、そのディテールがオールドスクール感を演出している。この工程ではパーツを切り出した際の型紙を使ってアイレット加工を施すと共に、アッパーパーツとシュータンの縫い合わせを行っていこう。

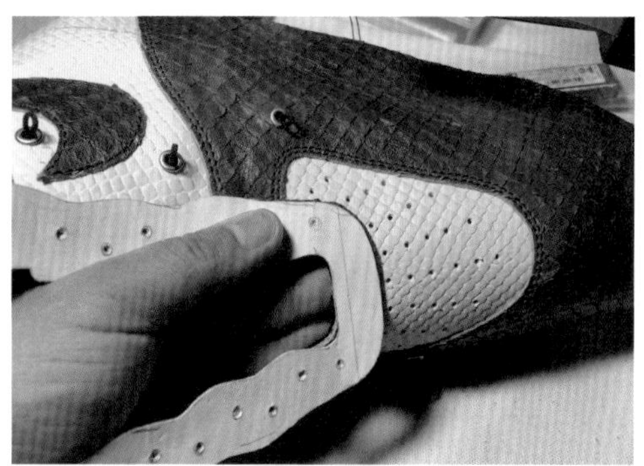

101 型紙に記しておいたアイレットの位置をパーツに写していく。左右の穴の位置が水平になるように、型紙がずれないように注意ながら作業を進めよう。AIR FORCE 1は波型にアイレットが配置されているのが特徴なので、波型の配置を意識しながら作業を進めると、AIR FORCE 1らしさが際立つカスタムスニーカーに仕上がるハズだ。

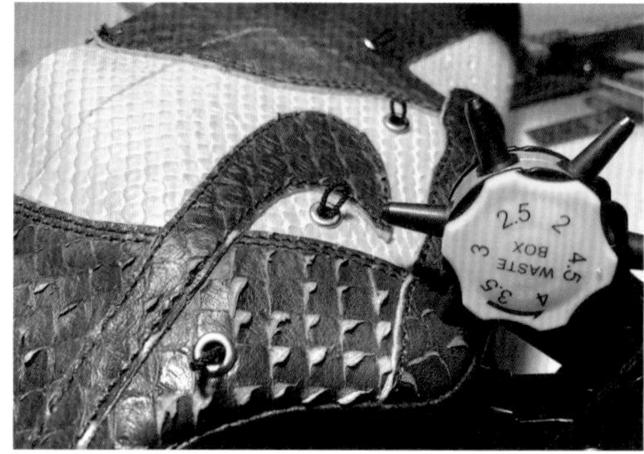

102 ロータリーレザーパンチを使用して、型紙から写した位置にアイレットを空けていく。この工具はアイレット空けとの相性が良く、ストレスなく作業が進められる。今回の作例では、オリジナルパーツとほぼ同じ直径3.5mmの穴を設置した。プライヤー式のレザーパンチが無い場合は、同様の直径を持つポンチで対応しよう。

103 パーツにアイレットを空けた状態。左右で水平になる位置を保ちながら、微妙に波型を構成するバランスでアイレットを配置しているのが分かるだろうか。オーバーシューレース用のアイレットを設置する際には金属のハトメパーツを取り付けたが、ここではオールドスクール感を演出するため、穴を空けただけのディテールとした。

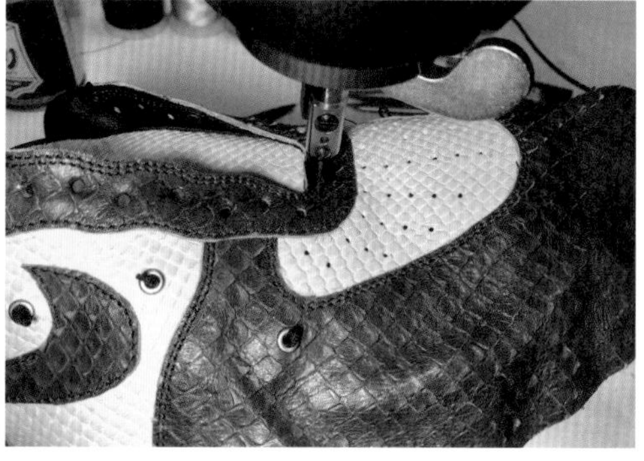

104 アイレットの加工が完了したら、シュータンとアッパーパーツを縫い合わせよう。この段階でシュータンラベルやシューレースループを取り付けても良いが、製作工程が全て完了した後に作業する方が何かとバランスが取りやすくなる。

>>

吊り込みの準備

革靴にも通じるオールアッパーカスタムの山場

これまでの工程で、アッパーパーツの作成はひと段落。ここからはオールアッパーカスタムの山場となる“吊り込み”に進んでいく。吊り込みとはアッパーパーツを木型に被せ、ワニと呼ばれるシューズ用のペンチで革を引っ張り、釘を使って固定して、木型のディテールに成型する工程だ。革靴と違い、ソールユニットを他のスニーカーから流用するものの、靴職人と遜色のないスキルが求められる工程なのだ。

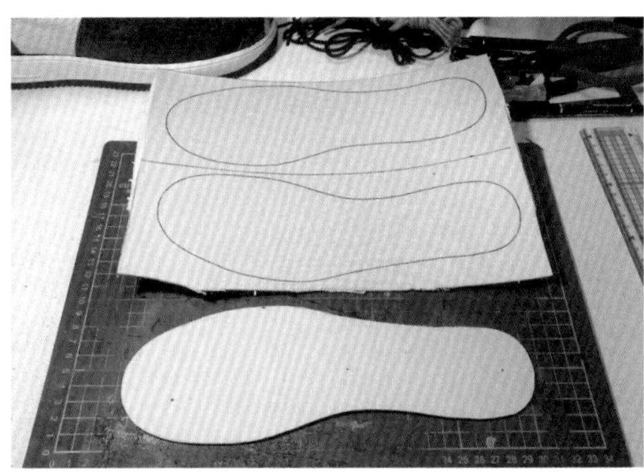

105 吊り込み時にアッパーを固定する中底を用意する。中底用の素材には厚さが5mm前後の“底革”を使用するケースもあるが、厚手の中底はソールユニットと接着する際に深さが足りなくなる場合があるため、ここでは合成ゴムや天然ゴムを染み込ませたパルプボードを使用している。

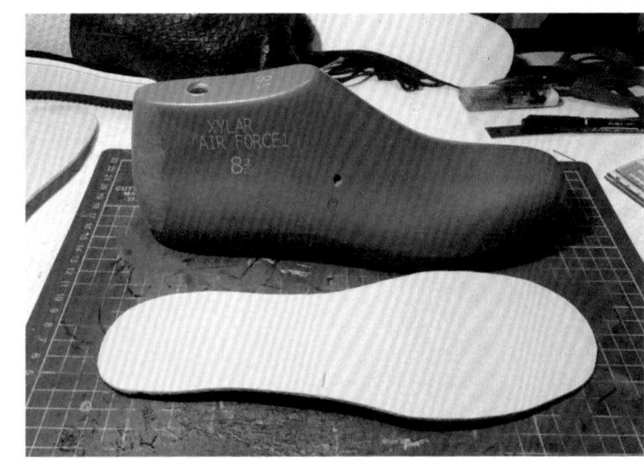

106 吊り込み時にアッパーのシルエットを形作る木型を用意する。ここで用意したのはAIR FORCE 1と互換性を持つ、サイズが26.5cm用の木型だ。この木型はスニーカーのデザインとサイズに対応したディテールで作られている。そのため、26.5cmのAIR FORCE 1型のスニーカー以外に流用することは難しい。

107 吊り込み作業では、ワニで引き延ばしたアッパーを、釘を使って中底に固定する。ここで使用する釘には専用の製品は無く、使いやすさを優先して選べば問題ない。ただ、一般的には長さが19mm前後の“丸釘”が選ばれているようだ。吊り込みは釘の本数を使う作業なので、ある程度多めに手に入れよう。

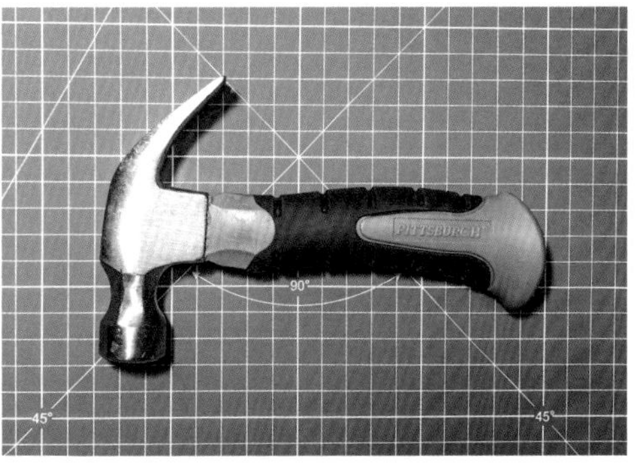

108 釘を使う工程であるならば、当然ハンマーも必要になる。靴修理用のハンマーは“ポンポン”とも呼ばれ、靴職人はアッパーと靴底用の2種を使い分けている。ただ機能的には取り回しが良く、使い慣れたハンマーがあれば問題は無く、カスタマイズビルダーもラバーのグリップが付いたハンマーを使用していた。

木型に中底を取り付ける

吊り込みは打ち付けた釘を打ち曲げてパーツを固定する

釘を使って木型に中底を取り付ける。ここで使用する中底は、AIR FORCE 1を解体した際に取り外した中底から型紙を起こし、レザークラフトの芯材にも使われる“ボンテックス”から切り出したもの。ボンテックスはレザークラフト専門店で購入可能で、“特厚”と表記される1.3mm厚が中底に向いている。特厚とは言え牛革の中底レザーと比べると格段に薄いので、レザークラフト用のハサミで楽に切り出せるのもありがたい。

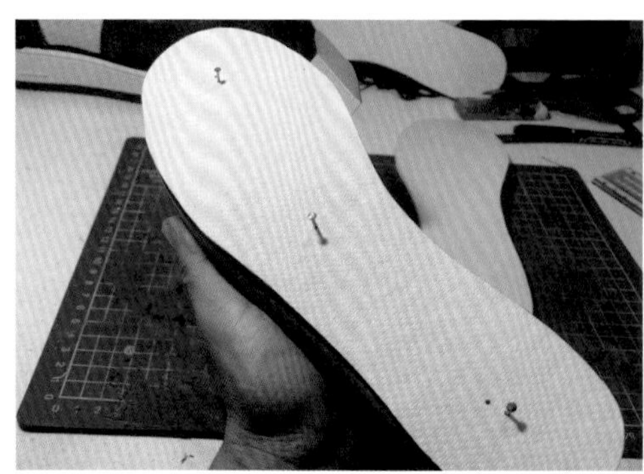

109 木型に中底を合わせたら、中底の前方と中央、そして後方の3箇所に丸釘を打ち付けていく。木型の底面と中底の位置がずれていると、仕上がり時の歪みになるのは言うまでも無い。釘を打ち付ける際には、木型に全て打ち込むのではなく、長さ19mmの釘の場合、約1/3程度を残した状態で止めておく。

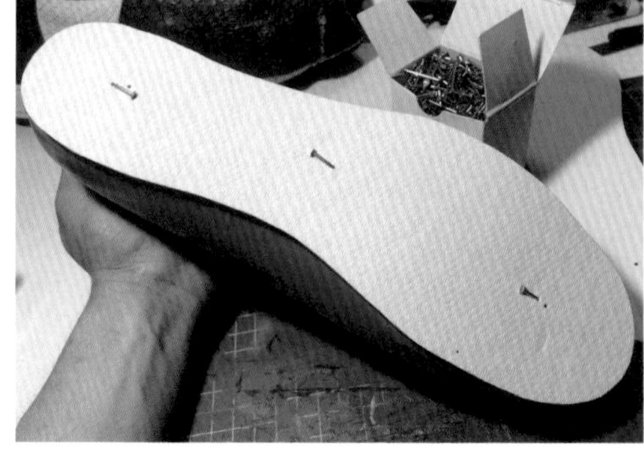

110 約1/3程度を残した釘は、ハンマーを使って横倒しにする。これは作業中の衝撃で中底が浮き上がるのを防ぐ“抑え”目的と共に、打ち付けた釘は吊り込みが完了後に抜く必要があるため、釘を抜きやすくするためだ。釘を倒す方向に決まりはないものの、倒す方向を変え、中底がずれにくくする程度の配慮は必要だろう。

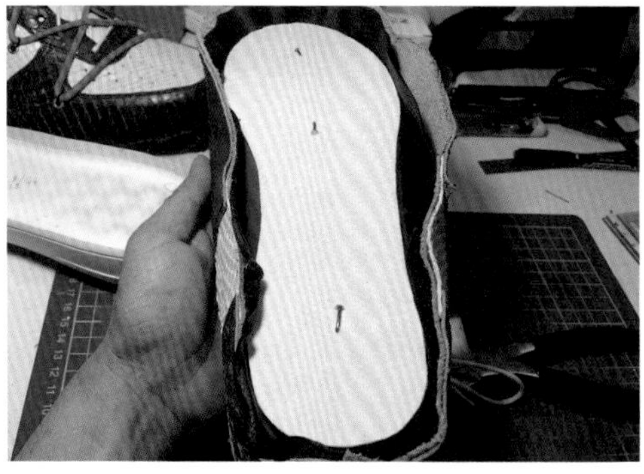

111 木型に中底を打ち付けたら、木型の上部からシューレースを通したアッパーを被せていく。その時にシューレースが緩んでいると、仕上がり時にシュータンの周囲が不自然に広がってしまう。ここまでの作業を無駄にしないためにも、木型を強く締め付けるようにシューレースを通し、しっかりと結ぶ事を徹底したい。

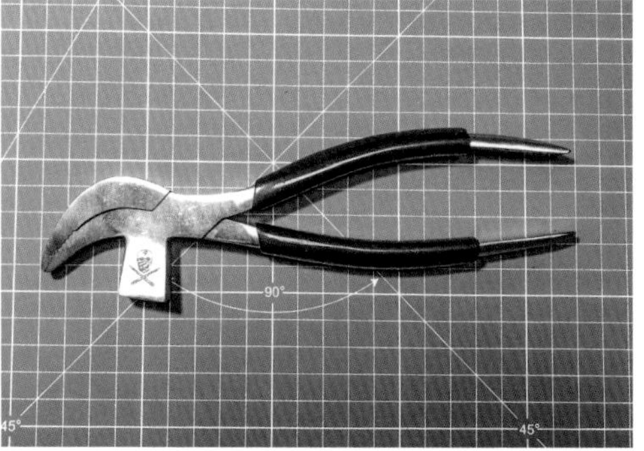

112 シューズの吊り込みで使用するペンチ(ピンサーペンチ)は、アッパーのレザーを引き延ばす作業に特化した工具だ。ペンチ部分がワニの口のようなディテールになっているため、多くの靴職人は“ワニ”と呼んでいる。この“ワニ”は世界的なカスタムスニーカーブランド“THE SHOE SURGEON”が販売しているものだ。

>>

アッパーパーツの仮吊り込み

仮吊り込みのファーストステップ"仮吊り込み"を実行する

木型に被せたアッパーパーツを"ワニ"を使って底面側へと強めに引っ張り、十分に革を伸ばした状態で、釘を打って底面に固定する。この革を引き延ばす作業を"吊り込み"と呼ぶ。この吊り込みには2ステップがあり、先ずは木型にアッパーを馴染ませる"仮吊り込み"を行い、問題が無ければつま先部に補強パーツを取り付けて"本吊り込み"を実施する。ここでは仮吊り込みの工程を紹介していく。

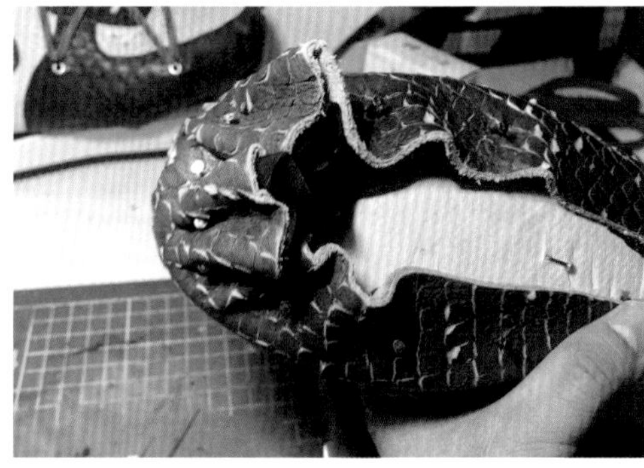

113 パーツが木型にフィットしている状態を確認しながら、アッパーとライニングの革を"ワニ"で同時に挟み、しっかりと力を加えて底面側に引き延ばしていく。この作業は1度ではなく、微妙に位置を変えて作業を繰り返し、十分に引き延ばした状態が確認できたら木型のつま先部分に釘を打ち込んで固定していく。

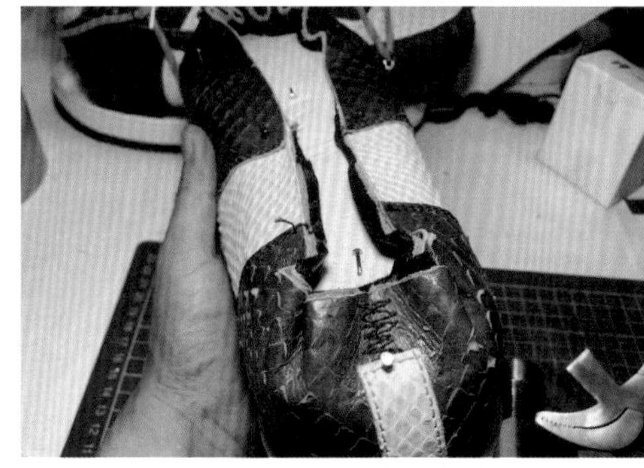

114 ヒール側も同様に、アッパーとライニングの革を"ワニ"で挟んで引き延ばしていく。丁寧に作業したアッパーパーツに釘を打ち込むのは抵抗感を覚えるかもしれないが、釘を打つ部分はソールを取り付けた際に隠れる部分なので、釘の跡などは気にせずに、引き延ばした革をしっかりと固定してあげよう。

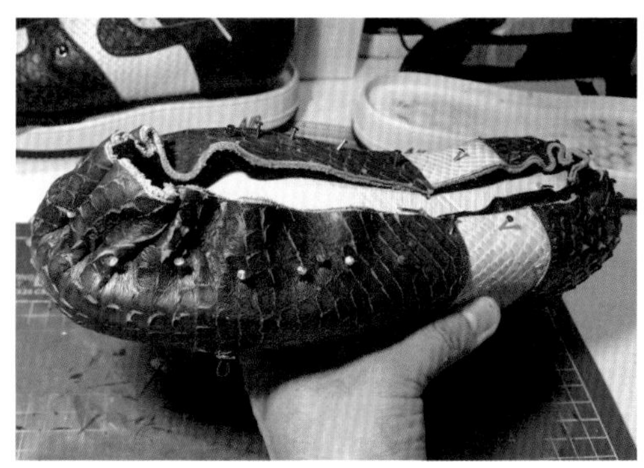

115 アッパーパーツ全体に"仮吊り込み"を施した状態。ここで打ち付けた釘は、本吊り込みに進む際に全て引き抜くため、中底を固定した時のようにハンマーで釘を寝かせる必要は無い。ここで確認すべきは、アッパーのレザーが木型にフィットしているかの点に尽きる。パーツが浮いている部分があれば、再度ワニで革を引き延ばそう。

116 アッパーパーツを構成する革が充分に伸び、木型にフィットしている状態を確認したら、つま先部の釘を抜いてパーツを捲りあげる。その後に再びライニングだけをワニで引き延ばし、釘を打って木型に固定していこう。これはライニングとアッパーパーツの間に、つま先用の補強パーツを取り付けるための下準備だ。

つま先部分の吊り込み

余分なライニングを切り落として接着面をフラットに加工する

つま先部分のライニングに吊り込みを施したら、接着剤を使って中底に貼り付けよう。他の箇所に先行してつま先の作業を行う理由は、アッパーの本吊り込みを行う前に、ライニングとアッパーパーツの間に補強パーツを取り付ける必要があるからだ。ライニングを中底に貼り付けると共に吊り込みで生じた余分な革を切り落として、アッパーの本吊り込みをする際に作業を進めやすくなるように整えてしまおう。

117 ライニングが木型に馴染んでいるのを確認したら、ワニや釘抜きを使って革を固定している釘を1本だけ抜き、そこに生じた隙間に接着剤を塗って貼り付けていく。この際、複数の釘を抜いて作業すると、引き延ばしたライニングに“たるみ”や歪みが発生するリスクを高めてしまう。地道な作業の積み重ねが求められる工程だ。

118 この工程に使用する接着剤には高い接着力が求められる。今回取材したカスタマイズビルダーは“ノントルエン・ノーテープ9820ＮＴ”を使用していた。硬化剤混入タイプの接着剤のため、こまめに蓋をする手間が掛かるものの、一般的な接着剤よりも硬化するのが早く、透明に仕上がる特性が吊り込みに適している。

119 ライニングを木型に固定した釘を抜いた部分に接着剤を塗布したら、ワニを使って革を引き延ばし、再び釘を打ち付けて固定する。吊り込みを行う際には、このルーティンを粛々と繰り返す集中力が必要だ。言うまでも無くカスタムスニーカーの仕上がりを良くするための作業であり、手間をかける価値は十分にある。

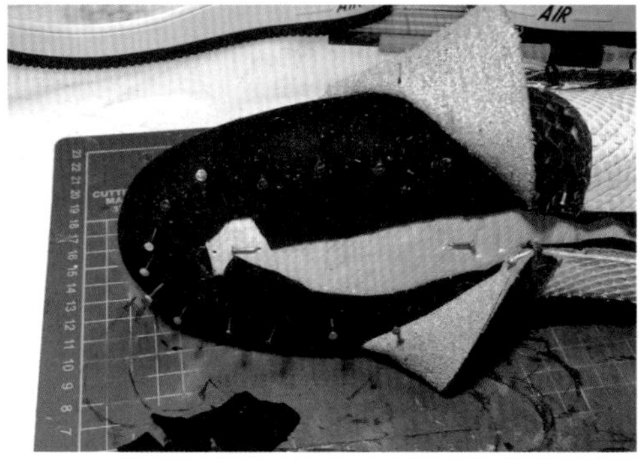

120 吊り込みを進めていると、どうしても革が余る部分が生じてしまう。オールアッパーカスタムの場合、吊り込みを終えたアッパーを、ソールユニットに貼り合わせる工程が控えている。その際にスムーズに貼り合わせられるよう余分な革を切り落とし、なるべくフラットな接着面が確保できるように調整しよう。

>>

シューズ後半部の吊り込みと補強材の準備

シューズのつま先用に販売される特殊な芯材を使用する

つま先部のライニングで施した貼り付けの乾燥を待つ間に、後半部の“本吊り込み”を進めていく。基本的な作業は仮吊り込みと変わらないが、中底とライニングの両面、そしてアッパーパーツの接着面に接着剤を塗布し、釘で固定しながらしっかりと貼り合わせる点が異なっている。後半部の本吊り込みが完了したら、余った革を切り取りつつ、つま先に装着する補強パーツの準備に取り掛かろう。

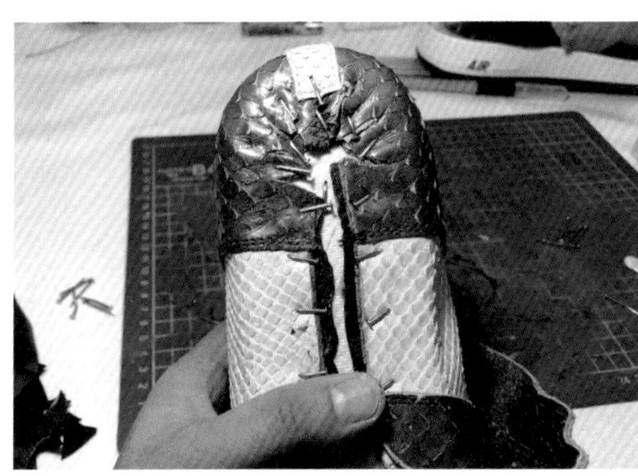

121 仮吊り込みで打ち付けたシューズ後半部の釘を抜き、アッパーとライニング、中底の接着面に“ノントルエン・ノーテープ9820ＮＴ”を塗布した後、再びワニで革を引き延ばした状態で釘を打ち付けてパーツを貼り合わせていく。この際に釘の全てを打ち込むのではなく、一部をハンマーで内側に向かうように倒して固定する。

122 余分な革を切り取る際にはハサミやカッターで対応できるが、少々コツが必要ではあるものの“革漉き”を使うのも効果的だ。画像の革漉き（セフティーベベラー）は先端の穴に刃が仕込まれており、そこに余分な革を差し込んで切り取る事が可能。厚手の革でも切れ味が良いと評価のアイテムでWebショップでも購入可能だ。

123 貼り付けが完了したつま先部のライニングは、木型にフィットした張り感が美しい。このつま先部分に補強パーツを取り付けて、再びアッパーパーツを被せていけば本吊り込みも完了だ。特殊なスキルのように聞こえる“吊り込み”も、適切な準備と工程を積み重ねていけば誰でも楽しむ事ができるハズだ。

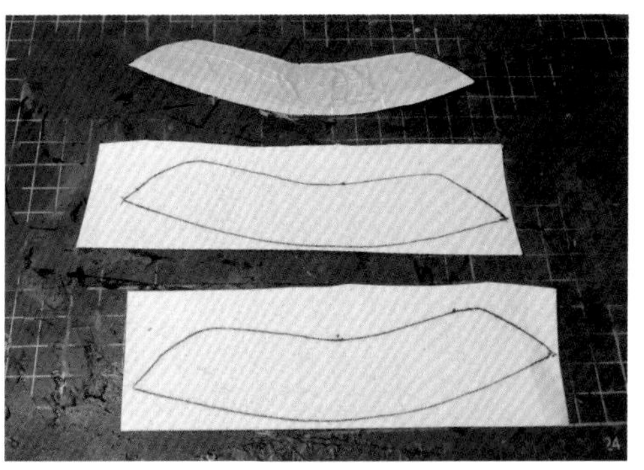

124 今回使用したつま先部分の補強材は、“ポリテックス066”と呼ばれる、つま先の補強用に販売されているシート状の芯材だ。吊り込みしたライニングのつま先部分にマスキングテープを貼り、パーツの形状を描いて型紙とする。その型紙を使ってポリテックスにディテールを写し、両足用の補強パーツを切り出そう。

>>

先芯の取り付けと本吊り込み

溶剤を使って曲線に密着させる特殊な先芯を取り付けよう

フルアッパーカスタムで仕立てるAIR FORCE 1に“先芯”を取り付ける。先芯はつま先部分のアッパーとライニングの間に取り付ける補強材で、スニーカーのカスタムだけでなく、革靴を作る際にも欠かせないディテールだ。この先芯には床革をはじめ、布や和紙と言った様々な素材が用いられるが、ここではつま先用の補強材として販売される“ポリテックス066”を使用して、つま先部分の強度を向上させていく。

125 “ポリテックス066”のシートから切り出した先芯用のパーツを、木型で吊り込んだライニングのつま先部分に当ててみる。硬さのある素材のため、パーツの下部は靴底のラインをトレースしているが、パーツの上部はライニングが描くカーブに対応できず、はみ出した箇所が確認できる。このギャップは素材の特性を活かして解決する。

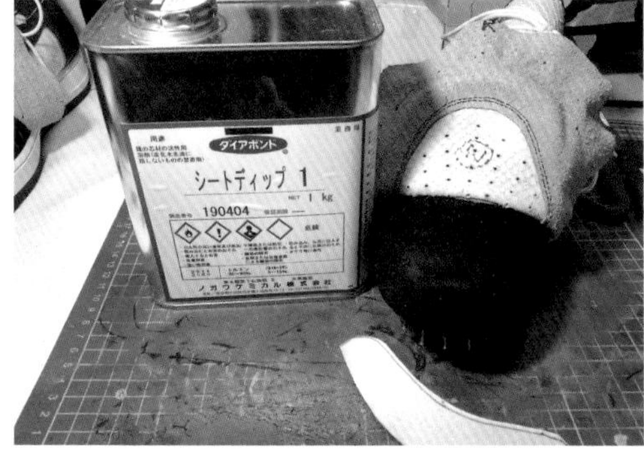

126 ここで使用するポリテックスは厚さ1mm前後のシート状であり、約48cm×70cmのサイズで700円程度にて購入可能だ。一般にはなじみの薄い素材だが、革靴の先芯にも利用されている。溶剤で溶かして使用するタイプの芯材で、その溶剤にはダイアボンドの先芯溶剤“シートディップ”やシンナーを使用する。

127 ポリテックスに溶剤を塗布して柔らかくなったら、つま先部分に押し付けて形を整えよう。溶剤を塗布したポリテックスはいつまでも柔らかいのではなく、時間が経つにつれて硬化していく。つま先の曲線に馴染ませるためには、ポリテックスが柔らかいうちにアッパーパーツの本吊り込みを行うのが肝心だ。

128 先芯を取り付けたら直ちにアッパーパーツをつま先に被せ、ワニを使って吊り込みを行っていく。つま先の強度の面ではアッパーとライニングを接着すると安心なのだが、しっかりと吊り込みが出来ていれば、着用時にライニングがずれる事は無いハズだ。ここまでの作業が完了したら、底面の仕上げに進もう。

>>

つま先部分の本吊り込み

ソールとの接着面はなるべくフラットな状態に整えよう

先芯を取り付けて本吊り込みを行ったら、吊り込み時に余った革を整えて底面をなるべくフラットな状態に仕上げよう。オールアッパーカスタムでは、解体したAIR FORCE 1、もしくは他のスニーカーから取り外したソールを取り付けるのが前提だ。フラットなソール側の接着面に対しアッパー側の接着面に段差があると、取り付け時の安定性が低下するだけでなく、最悪の場合には履き心地にも悪影響を及ぼしてしまう。

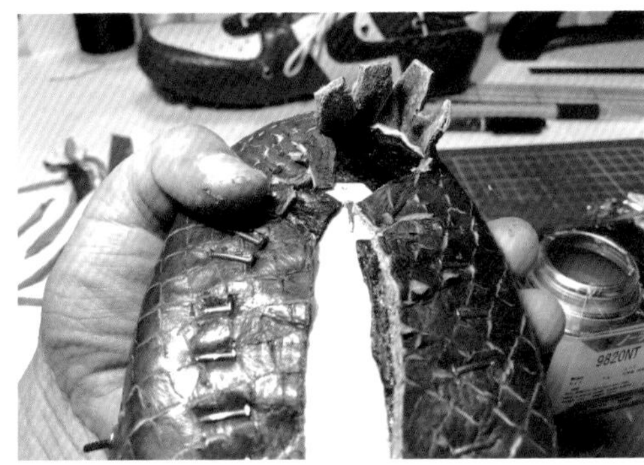

129 速乾性のある接着剤“ノントルエン・ノーテープ9820NT”を使用してアッパーパーツを中底に貼り付けつつ、吊り込み時に余った革を切り取っていく。基本的な作業はライニングの吊り込みと同様で、釘を抜いた箇所に接着剤を塗り、再び吊り込みを行った後に余った革を“革漉き”等で切り取る作業を繰り返すのだ。

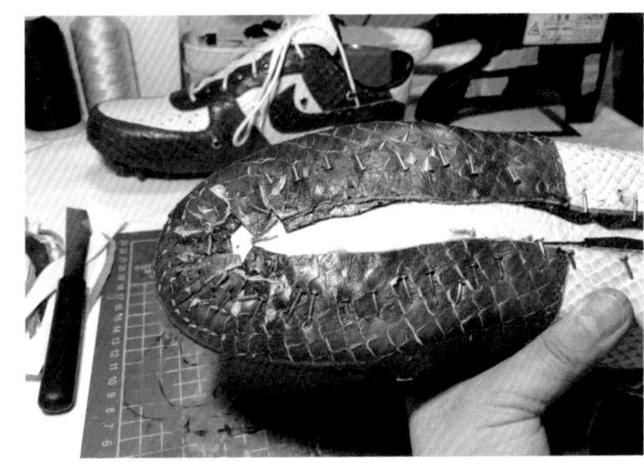

130 アッパーパーツを中底に貼り、吊り込み時に余った革を取り除いた状態。革を固定する釘は2/3程打ち付けた後、ハンマーを使ってシューズの中央方向に向けて倒していく。革を固定する釘の本数に明確な決まりは無いものの、しっかりと木型にフィットさせるならば、それなりの本数が必要になるだろう。

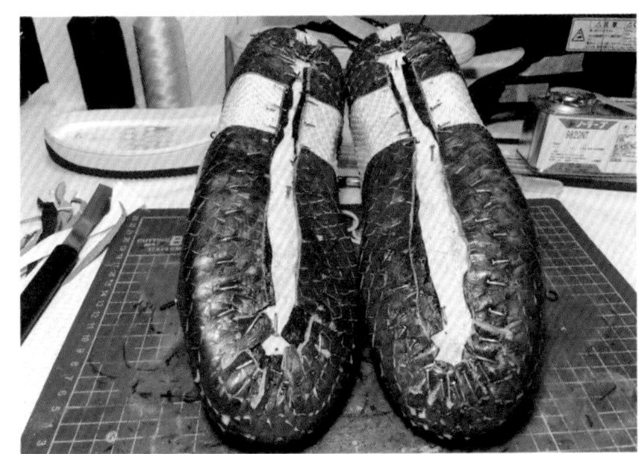

131 両足の本吊り込みが完了した状態。靴底の接着面もフラットな状態に仕上げられ、ソールの取り付けも問題なく作業できそうだ。アッパーパーツを留める釘だけでなく、木型に中底を取り付ける際に打ち付けた釘も後の工程で全て抜いてしまうため、パーツを貼り付ける際には中底の釘が隠れないように注意しよう。

132 本吊り込みが完了したアッパーは、AIR FORCE 1らしい美しいシルエットを描いている。吊り込みが出来るか否かは、カスタマイズビルダーのスキルを示す基準のひとつだ。“吊り込み”と言う単語自体にハードルを感じるかもしれないが、木型と工具類、そして集中力があればクリアできないハードルでは無いハズだ。

>>

取り付け用ソールユニットの準備

熱を加えて接着剤を柔らかくするためAIR FORCE 1を煮てしまう

アッパーの準備が整ったら、取り付け用のソールユニットを準備する。今回ソールを取り外すAIR FORCE 1は通称"VIP"と呼ばれるMAGIC STICKとのコラボレーションモデルだ。スニーカーファンの読者から「勿体ない！」という叫びが聞こえて来そうだが、ホワイトとブラックに染まるソールは、制作したアッパーとの相性も抜群。仕上がり時の見た目を優先して、レアスニーカーのソールを取り外していく。

133 カスタムしたアッパーとのカラーバランスを考慮してカスタマイズビルダーがソール取りに選んだのは、2018年12月に発売された"VIP"のニックネームで呼ばれるコラボレーションモデル。ナイトクラブにインスピレーションを受けてデザインされたプロダクトで、リストバンドに見立てた足首部分のストラップがニックネームの由来だ。

134 AIR FORCE 1は"オパンケ"と呼ばれる、ソールを接着した後に縫い付ける製法が採用されている。このソールを外すため、先ずはソールとアッパーを縫い合わせるステッチ糸を外していく。この際に手芸店で購入可能な"リッパー"と呼ばれる糸切りを使うと、比較的簡単に糸が外せるのでお勧めだ。

135 スニーカーのソールに使われる接着剤は、熱を加えると柔らかくなり、剥がしやすくなる特性を持つ。ここではフライパンに湯でスニーカーを煮込むという大胆な方法を選択。あまりにも大胆なアプローチだが、スニーカーの煮込みがソール剥がしに絶大効果を発揮するのは広く知られており、SNSでも度々見かける光景だ。

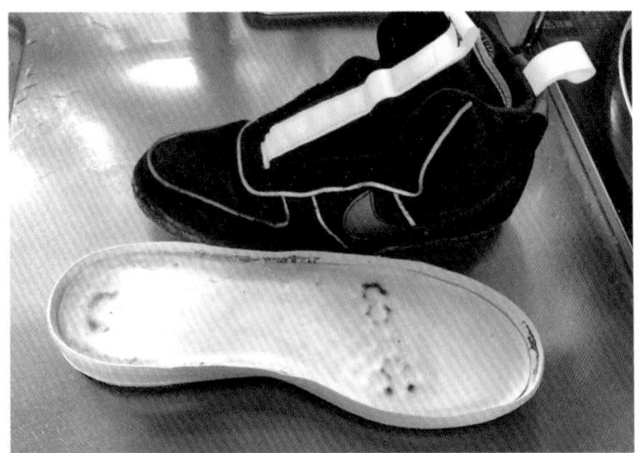

136 接着剤を剥がし、ソールユニットを取り外した状態。AIRの由来になったエアバッグが、ソールの内側に埋め込まれているのが分かる。新しいスニーカーは接着力が強い傾向があり、あまりにも頑固に接着されている場合には、注射器等を使ってアセトンを接着面に流し込むと剥がしやすくなるので試してみよう。

>>

ソールユニット接着の下処理

サンドペーパーで研磨して接着剤を食いつかせやすくする

アッパーにステッチでソールを縫い付けているように見えるAIR FORCE 1も、実際には強力な接着剤を使用して貼り合わせ、その補強にステッチを施しているに過ぎない。オールアッパーカスタムでAIR FORCE 1を製作する場合にも、先ずはしっかりとソールを接着しなくてはならいのだ。そして高い接着力を確保するにはスニーカーに適した接着剤を選ぶと共に、接着剤が素材に食いつきやすくする下処理が重要になる。

137 吊り込みしたアッパーパーツの固定が完了したら、ワニや釘抜きを使って中底に打ち付けた釘を抜いていく。レザーパーツを留めた釘だけでなく、中底を木型に固定した3本の釘を抜くのも忘れずに。ここでの作業を進めやすくするために、釘を全て打ち込まず、一部を残して曲げておいたのだ。

138 全ての釘を引き抜いたら、アッパーパーツの接着面を粗めのサンドペーパーで研磨する。表面を荒らして接着剤の食いつきを良くするのだ。AIR FORCE 1の場合、ソールのサイドで巻き上がった部分の接着強度が必要になるので、ソールとアッパーを合わせてラインを描き、ギリギリの部分まで研磨したい。

139 交換用のスニーカーから外したソールユニットも、接着面に残る古い接着剤を可能な限り取り除こう。特に縁の部分は接着剤が残りやすいので、ソールを傷つけないよう配慮しながらリューター等を使って丹念に除去していく。接着剤がダマになった部分は綿棒にアセトンを含ませ、こすり取ってやるのも効果的だ。

140 アッパーパーツとソール双方の接着面をクリーニングした状態。今回の作例ではアッパー素材にスネークスキン柄の型押しレザーを使用している。このタイプの型押しレザーは表面強度が高いとは言い難く、ウロコ状のディテールをそぎ落とす勢いで念入りに研磨している。接着面の下処理を終えたら、いよいよソールの取り付けだ。

>>

接着面にスニーカー用接着剤を塗布する

スニーカーソール接着の大定番"バージセメント"を使いこなす

接着面の下処理を終えたら、いよいよアッパーパーツにソールを取り付けていく。ここで使用する接着剤は、スニーカーのソールを交換するリペア手法"ソールスワップ"でもお馴染みのスニーカー専用接着剤Barge Cement（バージセメント）だ。国内の正規販売代理店が無いのが玉に瑕ではあるものの、その扱いやすさと高い接着力は、世界中のカスタマイズビルダーから信用されている大定番なのだ。

141 この工程で使用するバージセメントは、接着力が強化された"青缶"と呼ばれるタイプ。比較的入手しやすい"緑缶"と同じく缶の蓋に簡易型のブラシが装着されており、筆やハケを別途用意しなくても接着剤を塗布できる。但し決して作業しやすい筆では無いので、100均ショップの筆やハケを使い捨てるのもアリだ。

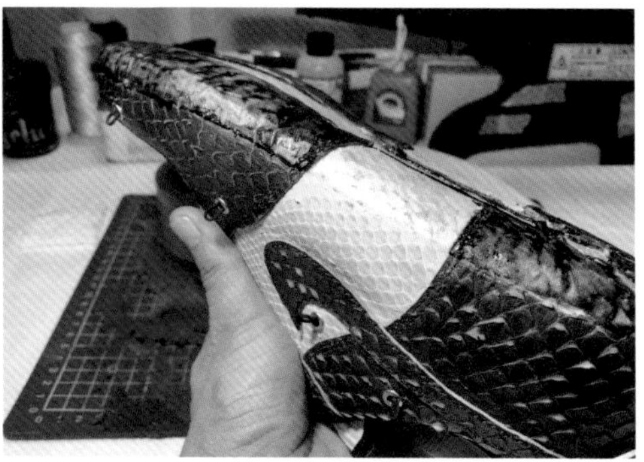

142 アッパーパーツの接着面全体にバージセメントを塗り終えた状態。バージセメントはプライマー（下地剤）を必要とせず、接着剤が指に付かない程度まで乾燥させてから圧着させる。一般的な接着剤のように、乾燥に気を付けながら慌てて貼り付ける必要が無いので、塗り残しが無いように接着剤を塗布してあげよう。

143 ソールの接着面にもバージセメントを塗り終えた状態。気温や湿度によって乾燥時間が異なるが、目安としては約1時間程度の乾燥時間が必要になるだろう。最終的には接着面を指で触り、接着剤が付着しない状態を確認して欲しい。この乾燥時間を利用して、もう片足にもバージセメントを塗布していく。

144 塗布した接着剤の乾燥を確認したら、接着面をヒートガンで熱していく。バージセメントは接着前に熱する事で接着力を発揮するタイプだが、乾燥させてから貼り合わせるスニーカー用接着剤には、プライマーが必要なタイプや接着前に熱を加える必要が無いタイプも存在する。使用する前に、必ず特性を確認しておこう。

>>

アッパーとソールの貼り合わせ

ソールが左右にずれないように慎重に貼り合わせていく

乾燥させた接着剤にヒートガンで熱を加えたら、アッパーとソールを貼り合わせていく。乾燥させた接着面を貼り合わせるスニーカー用接着剤は、例えるならシールの接着面を貼り合わせるようなものだ。もしも貼り合わせ時に位置がずれた場合は、ヒートガンで接着面を熱しながら剥がし、アセトン等で接着剤を剥がして再接着する。リカバリーには相応の労力が必要なので、先ずは慎重に貼り合わせよう。

145 接着面にヒートガンで熱を加えたら、左右の接着位置を確認しつつ集中して貼り合わせ作業を進めていく。今回取材したカスタマイズビルダーは、シューズのつま先部分から貼り合わせている。アッパーとソールの貼り合わせを開始する箇所はヒール側でも問題なく、自身がやりやすい工程を選択しよう。

146 貼り合わせを開始する場所の位置合わせに時間を費やした場合は、再びヒートガンで接着剤に熱を加えるのも効果的だ。前項でも記した通り、多くのスニーカー用接着剤は塗布した後に乾燥してから貼り合わせる特性を持つ。急いで貼り合わせる必要性は皆無であり、慎重に目の前の作業に対応する事が成功への近道となる。

147 アッパーとソールの貼り合わせが完了したら、接着面を押し付けるように体重をかけ、しっかりと圧着する。特に強度が求められるミッドソールがサイドに巻き上がった部分には、ハンマーを使って念入りに圧着しよう。この際、ハンマーでソールを叩くのではなく、打ち付ける面を押し当てるように圧力を加えよう。

148 ソールの貼り合わせが完了した状態。専用の接着剤を正しく使えば、この状態で強力な接着を発揮しているだろう。但し1982年生まれのディテールに敬意を表すのであれば、ソールをステッチ糸で縫い付ける“オパンケ製法”の再現が欠かせない。次の工程よりAIR FORCE 1らしさを演出する“オパンケ製法”を施していこう。

木型からアッパーパーツを取り外す

木型をアッパーから抜くためだけの工具が存在する

ソールを“オパンケ製法”で縫い合わせる前に、吊り込みで使用した木型をシューズから引き抜いていく。木型を抜き取った後、ライニングに張りが出るように仕上がっていれば上出来だ。アッパーから木型を抜いた後は、いよいよ“オパンケ製法”を施していく。レトロ感あふれるステッチをソールに施せば、革素材からパーツを切り出す工程からスタートしたオールアッパーカスタムも完成目前だ。

149 木型の上部に空けられたネジ穴を“木型抜き台”のピンに差し込んでいく。木型抜き台はその名の通り、シューズの木型をアッパーから抜くためだけに存在する工具である。革を引き延ばして木型に馴染ませる本吊り込みは、木型と素材が非常にフィットしている。木型抜き台を使わずに抜き取るのは相当な重労働だ。

150 シューズの前後に体重をかけ、木型をスライドさせるようにしてアッパーから抜き取ろう。“シューラスト”とも呼ばれる木型には中央でスライドしないタイプも少なくないが、やはりスライド可能なタイプが抜き取りやすい。但しスニーカーと互換性のある木型は少なく、選べる環境が整っているとは言い難いのが現状だ。

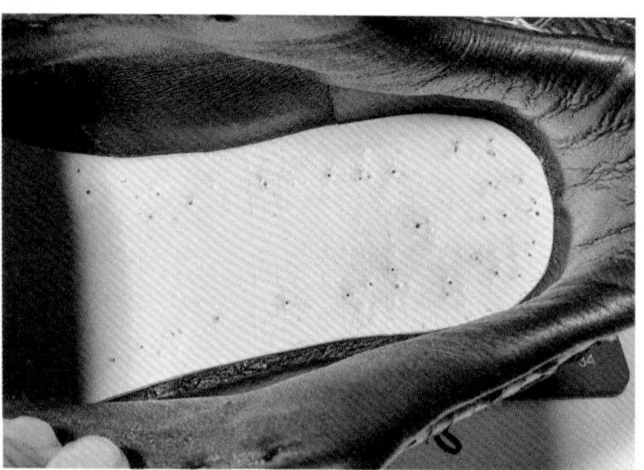

151 木型を取り出したインナーは、釘の穴が空いた中底が露出している。オパンケ製法を施した後には他のAIR FORCE 1から取り外したインソールを入れても良いが、コルク製のインソールを使うとクラフト感が高まるのでお勧めだ。さらにクッション性重視なら、スポーツ店で購入可能な機能性インソールを使うのも面白そうだ。

152 オパンケ製法は“ステッチャー”と呼ばれる革製品や厚手の布地を手縫いする道具と、撚り加工を施した“縫い糸”を使用する。取材したカスタマイズビルダーは、ボンドで撚りが戻りにくく加工した00番手の太さをセレクトしていた。糸の番手は数字が小さいほど太く、00番手は最も太い縫い糸である事を意味している。

>>

ソールをオパンケ製法で仕上げる

スニーカー工場ではミシンを使っている工程を手縫いで再現しよう

オパンケ製法を用いてソールをアッパーに縫い付けていく。ステッチャーを使用して革や厚手の布を縫い合わせるオパンケ製法は、ソールに縫い目が露出する手法で、スニーカーの工場では専用のミシンを使用して作業する。ここで紹介するのは、ミシンの工程を手縫いで対応する"ハンドミシン"とも呼ばれるスキルで、スニーカーのカスタムだけでなくソールスワップをはじめとする、リペアでも役立つスキルだ。

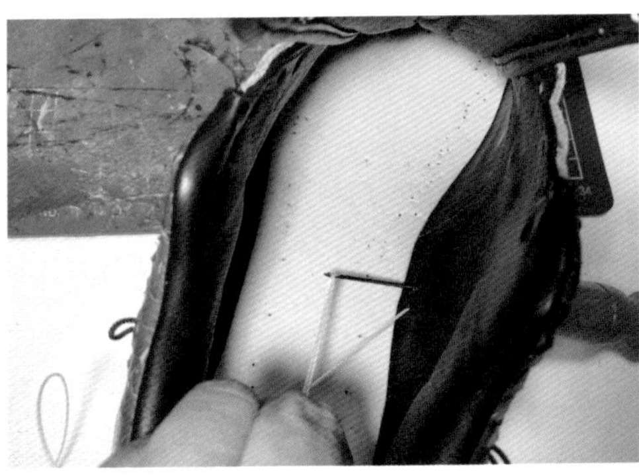

153 糸を通したステッチャーを、ソール側からステッチを施すラインに合わせてソール側から針を刺す。シューズの内側に針の先端が突き抜けたらステッチャーに通していない側の糸を引き抜き、シューズの内側に垂らしておく。続いてステッチを施すラインに沿って位置をずらした穴に針を差し、ステッチャーを少し引いてループを作っていく。

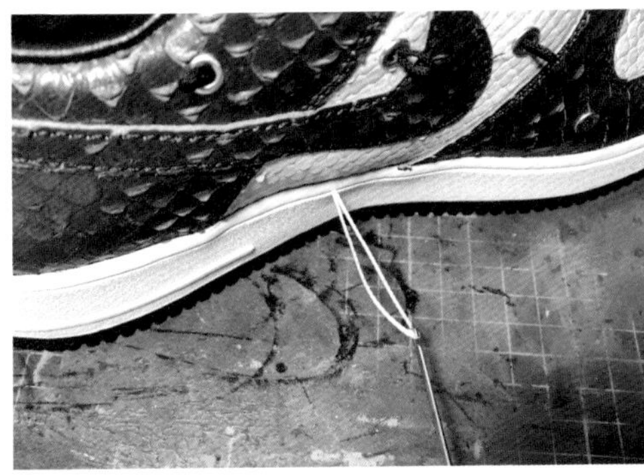

154 続いてステッチ糸のループに、内側に垂らしておいた糸を通していく。糸を通し終えたら両端を均等な力で引いて縫い上げる。この工程を繰り返してソールを縫い合わせるのがオパンケ製法だ。つま先部分の内側は手探り状態での作業になるので、指に針を刺さないように注意しよう。

155 ソールに空いた穴に針を刺してステッチを施していく。実際には元の穴に針を刺さなくても問題は無いが、ミッドソールのラバーに針を突き立て、アッパー側のレザーまで通すのは相応の労力を伴うもの。ステッチの間隔を整える意味もあり、ソールに残る穴をガイドラインにステッチを施していこう。

156 ソール全体にステッチを施し終えたら、ステッチャーから外した糸を引き込み、内側で結んで固定する。糸の端が気になるようであれば、中底にマスキングテープで貼り付けても良いだろう。文字だけでは伝わりにくいかもしれないが、モノ作りの心得がある読者であれば実際に手を動かした方が分かりやすいハズだ。

シュータンの仕上げ

レーザー彫刻でオリジナルのシュータンを作成する

ほぼ完成した今回のオールアッパーカスタム。最後の仕上げはシュータンだ。シュータンタグはスニーカーのプロフィールを示すものであり、コダワリを込めるべきディテールである。オリジナルのディテールを尊重して、他のAIR FORCE 1からシュータンタグを移植するのも良いが、ここでは革素材にオリジナルロゴをレーザー彫刻で刻印した特別なシュータンを製作。クラフトマンシップを感じさせるルックスに仕立てていく。

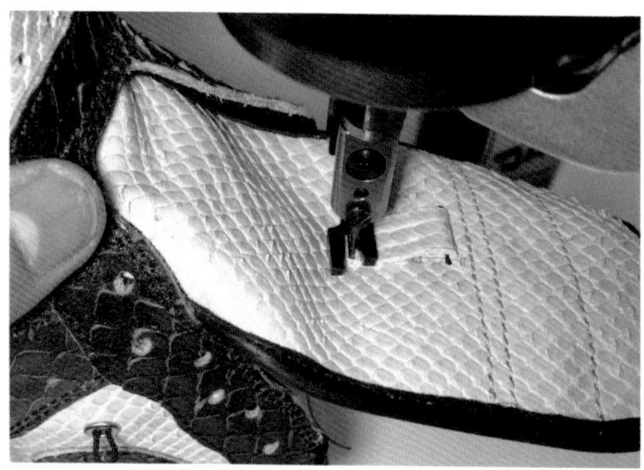

157 オリジナルのシュータンタグを製作する前に、シューレースを通すループを取り付けよう。ここではシュータンの表面に使用したイエローの型押しレザーから細長いパーツを切り出して、オリジナルのAIR FORCE 1に取り付けられているシューレースループの位置を参考に、八方ミシンで縫い付けていく。

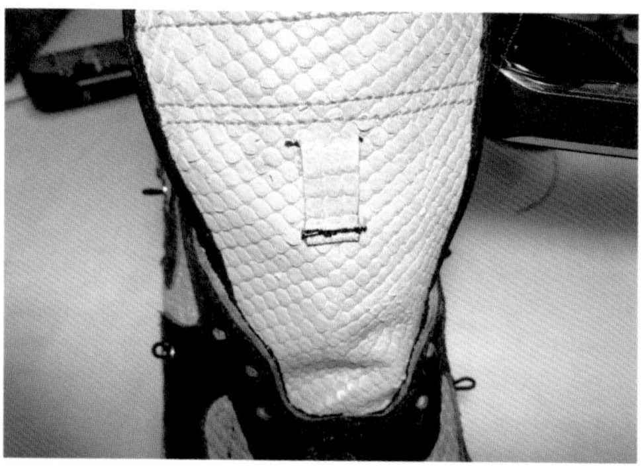

158 シュータンにシューレースループを取り付けた状態。NIKEのスニーカーではシュータンに切り込みを入れただけのシューレースループも少なくないが、この作例のように、別パーツを取り付けるタイプの方が使いやすさの面では上かもしれない。どちらのループ形状をセレクトするかは好みで選んで良いだろう。

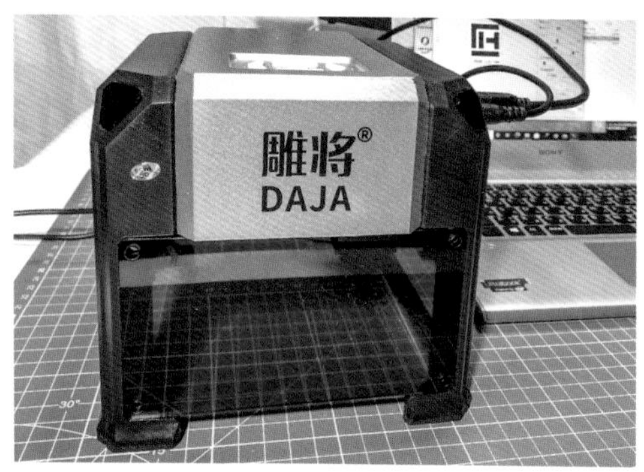

159 ループを取り付けたらオリジナルのシュータンタグを作っていこう。革素材にロゴを刻印するには、家庭用のレーザー彫刻機を使用する。以前のレーザー彫刻機は大変高価な代物だったが、近年では1万円台からそれなりの彫刻機が手に入る。ここでカスタマイズビルダーが使用しているのも、2万円の中盤にて購入可能だ。

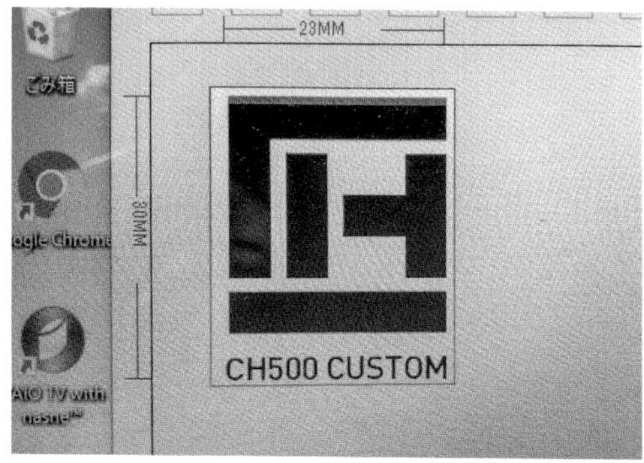

160 PCにドライバーをインストールして、革素材にレーザー刻印するロゴのデザインと大きさを調整する。PCの画面上では実際に刻印した際のサイズが表示されるので、スニーカーの現物を確認しながら最もバランスの良い大きさに仕上げていこう。ちなみに、このレーザー彫刻機は革素材だけでなく、木材にも刻印できるそうだ。

>>

オリジナルシュータンの取り付け

クラフトマンシップが溢れるオールアッパーカスタムスニーカーの完成

ロゴの設定が完了したら、細長く切り出したレザーパーツにレーザー彫刻を施していく。このレーザー彫刻機は手頃な価格の商品が出回るようになり、D.I.Y愛好家を中心に急速にユーザー数を増やしている。ここで紹介したシュータンタグだけでなく、スニーカーに取り付けるキーホルダーも簡単に製作可能であり、さらに経験を積めば、スニーカー本体に直接刻印を施すことも難しくないだろう。

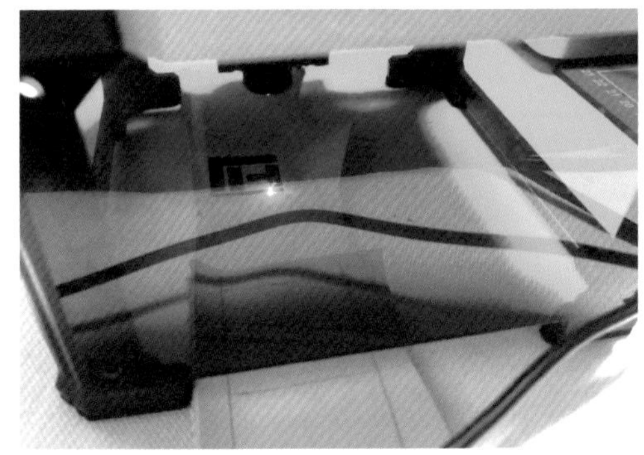

161 レーザー彫刻機にシュータンタグ用に切り出したレザーパーツをセットして、オリジナルのロゴを刻印する。画像に見える透明なグリーンの板は、レーザー光を直接見ないようにするシールドだ。ここで使用した彫刻機は20cm四方前後のコンパクトなものだが、レーザーの出力は十分で、時間をかけずに刻印が完了している。

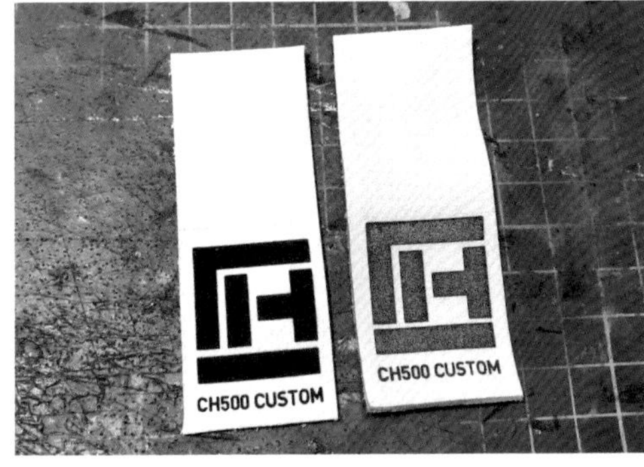

162 この彫刻機はレーザーの出力が調整可能で、出力が強ければ時間は掛かるがロゴを濃く刻印する事が可能。逆に出力を控えめに設定すると、比較的短時間で薄い刻印に仕上げることが出来る。どちらのロゴもシャープに仕上がっているが、今回のシュータンタグでは革素材の質感が活きる薄い刻印を選択した。

163 刻印が完了したシュータンタグを縫い付けよう。今回はシュータンの裏から回り込むように取り付けるデザインを採用。先ずは裏面に八方ミシンで直線的にタグを縫い付け、取り付け位置を確定する。この工程で使用する縫い糸はシュータンの表面側ではパーツに隠れるので、特に色にこだわる必要は無いだろう。

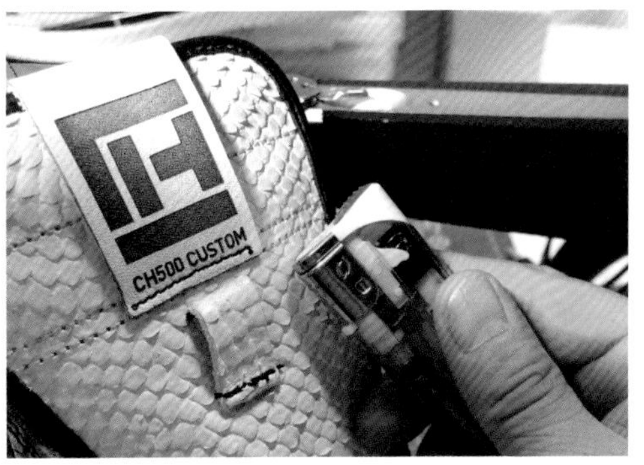

164 裏面で縫い付けたタグを表面側に引き出し、シュータンの上部を巻き込むように縫い付ければオールアッパーカスタムスニーカーの完成だ。縫い糸の端は使用時にほつれないよう、ライターで炙っている。この後、アッパーにシューレースとオーバーシューレースを通し、作品の出来栄えを堪能しよう。

オーバーシューレースが目を惹きつける1足

苦労に見合う達成感が得られる特別なオールアッパーカスタムスニーカー

ここまで40ページ以上に渡って工程を紹介したオールアッパーカスタムが完成した。オールドスクール感溢れるイエローとネイビーに染め分けられたAIR FORCE 1をデザインベースに採用しつつ、ラグジュアリーな雰囲気を醸し出し型押しレザーとキャッチーなオーバーシューレースの組み合わせが、この1足が世界に1足だけの特別なスニーカーである事実を強く主張している。眺めて美しいアート性が与えられながら、履いて楽しむ実用性を備えているのも素晴らしい。

確かにオールアッパーカスタムに挑戦するには、八方ミシンや木型をはじめとするプロ仕様の器材に加え、最後まで作業をやり遂げるクラフトマンシップも要求される。ただ、本書を手にした読者であれば、その資質は有しているハズだ。他では無い達成感が得られるオールアッパーは、挑戦する価値のあるカスタマイズだ。

CUSTOMIZE BUILDER INFORMATION

@ch500usmade

『メーカーでは買えないスニーカーを作る』をモットーに、個人の趣味でスニーカーのカスタムを楽しみながら、Instagramやカスタムスニーカー系のイベントで作品を発表するカスマイズビルダー。その作品は"個人の趣味を超える"との評価を集めているものの、現在は製作したスニーカーを販売する予定はないそうだ。

Instagram：@ch500usmade

CH500 CUSTOM

これはカスタムスニーカーの域を超えた芸術品だ

ALL UPPER CUSTOM
NIKE AIR FORCE 1 LOW & AIR JORDAN 1 HIGH

オールアッパーカスタムのスキルは応用が利く

ここで紹介したオールアッパーカスタムのスキルを身につければ、多くのオールドスクール系スニーカーに応用可能だ。
製作するスニーカーと互換性のある木型を手に入れるハードルはあるものの、木型さえ手に入れば、
AIR JORDAN 1をフィーチャーしたオールアッパーカスタムスニーカーにも挑戦できるのだ。

HOW TO KICKS CUSTOMIZE
カスタマイズ キックス バイブル

2020年10月25日　初版第１刷発行

編・著　CUSTOMIZE KICKS MAGAZINE編集部
発行者　長瀬 聡
発行所　グラフィック社
〒102-0073 東京都千代田区九段北1-14-17
tel.03-3263-4318（代表）　03-3263-4579（編集）
fax.03-3263-5297
郵便振替　00130-6-114345
http://www.graphicsha.co.jp/
印刷・製本　図書印刷株式会社

EDITOR/WRITER　HIROSHI SATO
EDITOR　AKIRA SAKAMOTO
PHOTOGRAPHER　KAZUSHIGE TAKASHIMA（COLORS）
DESIGN　HIROAKI SHIOTA

SPECIAL THANKS　DAICHI TAKEMOTO
KAZUMI SATO
NAOTO SHIRAHATA
SHU ASAOKA
SUSUMU YAMAGUCHI
TAKAHISA FUJIMOTO
TAKUMI KIDOKORO

ISBN978-4-7661-3446-9 C2076
Printed in Japan

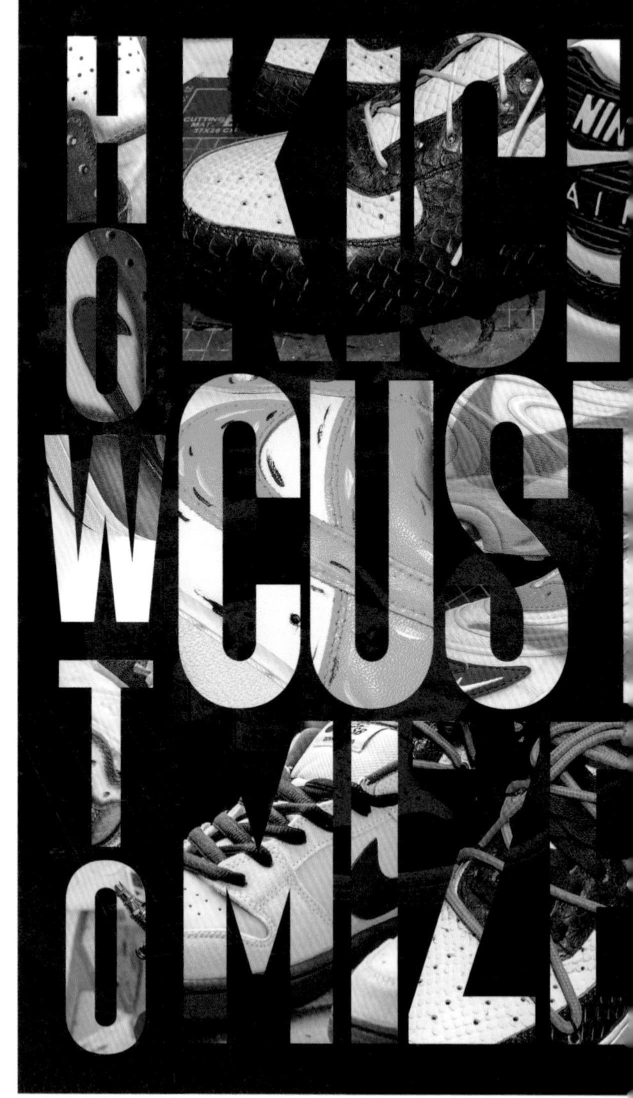